AF558465

Rita und Frank Lüder

Wildpflanzen

zum Genießen…

… für unterwegs

Dr. Rita und Frank Lüder
An den Teichen 5
31535 Neustadt
www.kreativpinsel.de

Die Autoren haben alle Angaben sorgfältig geprüft und nach bestem Wissen und Gewissen notiert. Fehlermeldungen und Verbesserungsvorschläge werden dankbar entgegengenommen. Was die Rezepte und Medikationen der Pflanzen betrifft, liegen persönliche Unverträglichkeiten und Überdosierungen in der Verantwortung des Lesers. Der Verlag und die Autoren übernehmen keine Haftung für schädliche Folgen, die sich aus dem Gebrauch oder Missbrauch der hier aufgeführten Informationen ergeben. Bei ernsthaften Erkrankungen ist in jedem Fall fachlicher Rat bei entsprechenden Therapeuten einzuholen.

Zeichnungen: Rita Lüder
Fotos: Rita und Frank Lüder

Bibliografische Information der Deutschen Bibliothek
Die Deutsche Bibliothek verzeichnet diese Publikation in der Deutschen Nationalbibliografie; detaillierte bibliografische Angaben sind im Internet über www.d-nb.de abrufbar.

2. Auflage 2023

ISBN 978-3-9814612-4-4
Druck und Bindung: M.P. Media-Print Informationstechnologie GmbH, 33100 Paderborn

Inhaltsverzeichnis

Inhaltsverzeichnis

Inhaltsverzeichnis

Pflanzen im Moor

Pflanzen in der Heide

Pflanzen in der Hecke

Pflanzen im Mischwald

Pflanzen im Auwald

Pflanzen kalkreicher Wälder

Pflanzen im Nadelwald

Vorwort

Gegen und für alles ist ein Kraut gewachsen...

Immer mehr Menschen hegen den Wunsch, sich gesund zu ernähren, sowie bewusster und naturverbundener zu leben. In der Natur zu sammeln ist ein ganzheitliches Erlebnis für alle Sinne. Auf Schritt und Tritt begleiten uns die verschiedensten Pflanzen, die wir für unsere Küche, als Heilkraut, zum Färben, für Kosmetik oder „Naturspielereien" neu entdecken können. In diesem Buch findeat du knapp 200 wildwachsende Pflanzen mit ihren Erkennungsmerkmalen, die unser Leben in der einen oder anderen Weise bereichern. Damit du einen raschen Überblick bekommst, wofür die einzelnen Pflanzen geeignet sind, verraten dir die Piktogramme auf einen Blick die Anwendungsbereiche. Neben den Portraits zu den Pflanzen steht etwas darüber, wo sie zu finden sind und ob es giftige ähnliche Arten gibt, die du kennen solltest.

Lebensraum

Alle Pflanzen werden nach dem Lebensraum vorgestellt, in dem sie zu finden sind. Dabei beginnt der Ausflug in die Pflanzenwelt bei dem kurzlebigen und am stärksten vom Menschen beeinflussten Bereich, dem Acker. Darauf folgen Wegränder, Ruderalflächen und Wiesen sowie im Anschluss daran die naturnahen Vegetationseinheiten der Küsten, Ufer, Moore, Heiden und Gebüschsäume. Am Ende steht der Lebensraum mit seinen langlebigen Bewohnern, den Wäldern mit den verschiedenen Baumarten. Ebenso wie die Wiesen sind sie noch einmal nach ihrer Bodenbeschaffenheit unterteilt.

Diese Einteilung kann natürlich nur eine grobe Orientierung bieten. Unter „Standort" bekommst du bei jeder Pflanze eine Vorstellung, wo du eine Pflanze noch finden kannst. Viele der vorgestellten Arten können ebenso gut in einem anderen Lebensraum vorkommen. Oft ist es schwierig, eine Entscheidung zu treffen, wo die entsprechende Pflanze am häufigsten zu finden ist. Dies liegt daran, dass vor allem die „Allerweltsarten" nicht besonders wählerisch sind, was ihren Lebensraum angeht. Zum anderen bieten die verschiedenen Lebensräume ihren Bewohnern oft ähnliche Bedingungen. Beispielsweise ein Acker bietet einjährigen Arten einen ähnlichen Standort wie ein frisch angelegter Wegrand oder eine Baustelle im Siedlungsbereich (sog. Ruderalflächen) – und Wegränder gibt es ebenso entlang der Wiesen wie in den Wäldern und an Bachufern.

Rezepte

Bei den Rezepten handelt es sich um Grundrezepte, die du ganz nach deinen Vorlieben verändern kannst. Sie sind bewusst einfach gehalten, erprobt, authentisch so zubereitet, fotografiert und verspeist worden.

Sternchen: Unsere Top 50

Dieses kompakte Büchlein für unterwegs ist sozusagen der erste Schritt in die faszinierende Welt der Wildpflanzen. Für Einsteiger sind unsere Favoriten mit Sternchen gekennzeichnet. Diese Arten halten wir persönlich für besonders einfach in der Bestimmung, häufig zu finden und lohnenswert für die verschiedenen Anwendungsbereiche. Dazu gehören unsere bevorzugten Salat- und Gemüsepflanzen ebenso wie wirksame Heil-, Kosmetik- und Färbepflanzen.

Wie geht es weiter?

Dieses Buch ist aus dem Wunsch entstanden, die wichtigsten Infos aus unserem Buch „Wildpflanzen zum Genießen…“ für unterwegs parat zu haben. Möchtest du mehr über diese Pflanzen erfahren? Dann empfehlen wir dir unser „großes“ Buch. Dort gibt es neben weiteren Rezepten und allgemeinen Texten einen Sammelkalender mit Angaben nach Monaten, welche Pflanzenteile zu welcher Zeit gesammelt werden. Weitere Tabellen dienen zum Nachschlagen, welche Pflanzenteile in welchen Mengen für einen Tee verwendet werden und ihre Wirkstoffe. Wir haben es 2022 komplett überarbeitet und um ca. 20 aktuelle Themen erweitert, die uns am Herzen liegen.

Einige Pflanzen und Rezepte haben wir bereits auf YouTube eingestellt. Dort gibt es auch Filmchen über Pilze. Unseren Kanal findest du, indem du „kreativpinsel“ oder „Rita Lüder“ eingibst.

Noch mobiler per App

Für das mobile Bestimmen, Kräutersammeln und Genießen gibt es unsere App mit 260 Wildpflanzen. Sie umfasst einen Bestimmungsschlüssel mit der zusätzlichen Möglichkeit gezielt nach Anwendungsbereichen, Inhaltsstoffen, Familien etc. zu sortieren – sowie ein Feldbuch, um die eigenen Beobachtungen zu protokollieren. Derzeit wird sie um vegane Rezepte und 40 weitere Pflanzenarten erweitert.

Viel Spaß mit der faszinierenden Pflanzenwelt wünschen dir

Infos zum Buch

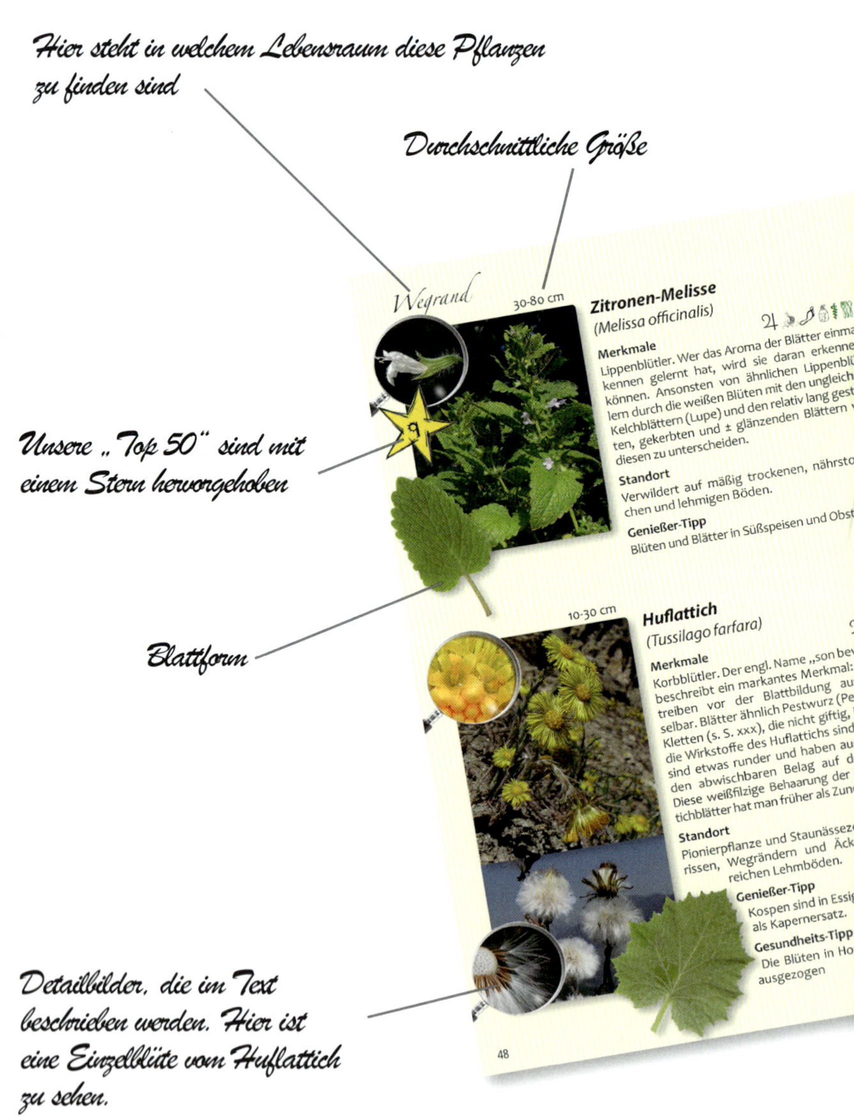

Deutscher und wissenschaftlicher Name

Was sind die Erkennungsmerkmale und womit kann man diese Art am ehesten verwechseln?

Wegrand

60-120 cm

Echter Meerrettich
(Armoracia rusticana)

Merkmale
Kreuzblütler. Ohne Blüten ähnlich sind Ampfer-Arten, ihnen fehlt der aromatische Geruch und Geschmack. Ihre Blätter glänzen weniger und entspringen nicht direkt dem Wurzelkopf. Sie sind ungiftig jedoch ohne diese Wirkstoffe.

Standort
Aus Ost- und Südeuropa eingewandert und verwildert auf nährstoffreichen, feuchten Böden.

Genießer-Tipp
Blüten als essbare Deko und Blätter in Salate, Kräuterbutter und Quarkspeisen. Die Wurzel gerieben

bis 30 m

Walnuss
(Juglans regia)

Merkmale
Typisch gekammertes Mark in den jungen Zweigen (Lupe) und stark würzig duftende Blätter. Gefiederte (aber gegenständige) Blätter hat auch die Esche (s. S. xxx). Die Knospen haben typische Bündelmale (Lupe Mitte).

Standort
Aus SO-Europa und Asien eingebürgert, häufig angepflanzt und in lichten Wäldern verwildert.

Genießer-Tipp
Nüsse unreif mit Schale in Alkohol einlegen als Magenbitter oder gesüßt als Likör, reif in Süßspeisen und Salate.

Kreativ-Tipp
Schalen / Blätter zum Braunfärben.

Gesundheits-Tipp
Blätter als Gerbstoffdroge gegen Durchfall, Hauterkrankungen, für Bäder und zum Gurgeln

49

Wo wächst diese Pflanze?

Hier ist eine Übersicht, wie die Pflanze wächst und wofür sie verwendet werden kann und mit weiteren Infos. Eine Erklärung der Zeichen steht auf dem vorderen Innenumschlag. Rezepte stehen auf den folgenden Seiten

Unsere Tipps wofür diese Pflanze am besten verwendet wird

Wie wird gesammelt?

Sammele nur Pflanzen, die du auch wirklich kennst und bei denen du jede Verwechslung ausschließen kannst. Außerdem solltest du die Erhaltung des Bestandes im Auge haben und mit größter Sorgfalt und Respekt auf den Lebensraum der Pflanze achten. Geschützte und seltene Arten bleiben ohnehin verschont – von einigen Arten kannst du dir in der Natur Samen sammeln oder diese im Handel kaufen. Sofern du einen Garten oder einen Balkon besitzt, kannst du diese dann selber anpflanzen und ernten.

Nur unbelastete Standorte sind zum Sammeln geeignet. Meide Straßenränder und sehr staubige, verschmutzte Orte, ebenso Ackerränder und Grünanlagen, von denen du nicht weißt, ob dort Schädlingsbekämpfungs- oder Unkrautvernichtungsmittel zum Einsatz kommen. Beim Sammeln ist es empfehlenswert, die einzelnen Blüten oder Blätter bereits vor Ort für die verschiedenen Anwendungen in einzelnen Behältern (auch Brottüten sind gut geeignet) getrennt und so sauber zu sammeln, dass diese daheim vor der Zubereitung nur noch gewaschen werden müssen. So hast du dann keine Arbeit mehr mit dem Sortieren und Zupfen und vermeidest gleichzeitig, unnötig viel Pflanzenmaterial aus der Natur zu entnehmen. Achte auch darauf, nur unbeschädigte und gesunde Pflanzenteile zu ernten.

Körbe sind für den Transport sehr gut geeignet, da die zarten Blütenblätter darin nicht zerdrückt werden. Blätter und Wurzelstöcke solltest du ebenfalls lose und luftig gelagert transportieren, hierfür eignen sich auch Leinenbeutel. Die Pflanzen sollten so schonend wie möglich behandelt werden. In Plastikgefäßen zersetzen sich die Pflanzenteile besonders bei warmem Wetter sehr schnell.

Die beste Sammelzeit

Bei warmem und sonnigen Wetter sind die Pflanzen am stoffwechselaktivsten und entwickeln die meisten Wirkstoffe. Voraussetzung ist allerdings, dass ihnen genug Feuchtigkeit zur Verfügung steht. Daher ist es ratsam, bei trockenem, sonnigen Wetter möglichst trockenes Pflanzenmaterial zu sammeln. Feuchte Pflanzen zersetzen sich schneller. Die richtige Sammelzeit hängt natürlich auch davon ab, welche Pflanzenteile du erntest. Die Wirkstoffe der mehrjährigen Kräuter verlagern sich im Laufe des Jahres in die verschiedenen Pflanzenteile.

Frühjahr – Zeit für Blätter

Im Frühjahr liegt das Augenmerk auf der Blattentfaltung, und es ist die beste Erntezeit für die Blätter. Der frühe Vormittag, wenn der Tau abgetrocknet ist, ist die beste Tageszeit zum Sammeln der Blätter. Die beste Sammelzeit ist im allgemeinen vor der Blütezeit, wenn die Blätter das erste Mal kräftig austreiben. Es gibt nur wenige Arten wie z. B. Huflattich und Schachtelhalm, die ihre Blätter erst ausbilden, nachdem die Samen bzw. Sporen verbreitet sind. Es sind auch nur wenige Kräuter, wie beispielsweise Waldmeister und Scharbockskraut, die nach der Blütezeit nicht mehr für kulinarische Zwecke gesammelt werden sollten. Die meisten Pflanzen kannst du noch lange nach ihrer Blütezeit und häufig bis in den Herbst hinein verwenden – vor allem, wenn es um die kulinarische Verwertung und nicht um einen möglichst hohen Wirkstoffgehalt bei Heilkräutern geht.

Blütenduft des Sommers

Nach der Blattentfaltung gelangen die Blüten zur Entfaltung. Blüten sammelst du am besten zu Beginn der Blütezeit, wenn sich die Knospen zum ersten Mal entfalten. Optimal ist im allgemeinen der frühe Nachmittag, nachdem die Pflanzen bereits einige Sonnenstunden für ihre Entfaltung und Nektarproduktion bekommen haben. Dieser Zeitpunkt ist auch geeignet, um das gesamte oberirdische Kraut (also Blätter und Blüten) zu sammeln.

Herbst: Erntezeit für Samen und Früchte

Schließlich reifen die Samen und Früchte heran. Hier spielt die Tageszeit kaum eine Rolle. Die Samen sammelst du kurz vor oder zur Vollreife. Dies geht sehr einfach, wenn du den ganzen Samenstand in einem Papiertütchen erntest oder die reifen Samen darin ausschüttelst. Früchte werden ähnlich wie Blätter am besten in Körben gesammelt.

Winterzeit ist Wurzelzeit

Zum Ende der Wachstumsperiode verlagern sich die Nährstoffe zur Speicherung bis zum nächsten Frühjahr in die unterirdischen Teile wie Zwiebeln, Wurzeln, Knollen oder Rhizome. Die Wurzeln werden am besten im Frühjahr vor der Blattentwicklung oder im Herbst gesammelt. Allerdings enthalten die meisten Arten auch im Sommer einige Wirkstoffe und können teilweise auch dann verwendet werden. Gegebenenfalls empfiehlt es sich dann, die verwendete Menge zu erhöhen, um die gleiche Wirkung zu erzielen.

Der Sammelkalender wird von dieser Reihenfolge bestimmt. Hast du dieses Prinzip verinnerlicht, siehst du einer Pflanze an, für welche Teile gerade Erntezeit ist. Eine Übersicht zu den einzelnen Arten und verwendeten Pflanzenteilen findest du im Sammelkalender in unserem Buch „Wildpflanzen zum Genießen…“ auf S. 232.

Aufbewahrung

Kräuter trocknen und aufbewahren

Es gibt verschiedene Möglichkeiten für die Aufbewahrung. Du kannst die Kräuter als Pesto verarbeiten, kandieren, in Alkohol, Essig oder Öl ausziehen, einfrieren oder ganz einfach trocknen. Die Verarbeitung sollte nach dem Sammeln so rasch wie möglich erfolgen.

Eine schonende Weise, den Kräutern die Feuchtigkeit zu entziehen, ist das Dörren. Die Vitamine verschwinden hierbei allerdings weitestgehend. Die Mineralstoffe und z.T. auch die Geschmacksstoffe bleiben erhalten. Bei Pilzen verstärken sich die Geschmacksstoffe dabei sogar. Beispielsweise bei Obst konzentriert sich der natürliche Zuckergehalt. Beim Trocknen ist die Temperatur und die gleichzeitige Ventilation wichtig. Daher eignet sich ein spezieller Dörrapparat besonders gut. Du kannst aber auch einen Heißluft-Umluft-Herd verwenden. Hier solltest du das Dörrgut wenden, da sich die Feuchtigkeit an den Auflageflächen länger hält. Trockne die Kräuter bei maximal 40-50°C und lasse die Tür des Backofens leicht geöffnet. Heilkräuter sollten nicht über 40°C erhitzt werden, besonders solche mit leicht flüchtigen, ätherischen Ölen. Die Kräuter können auch als Sträußchen gebunden und an einen schattigen und warmen Ort gehängt oder luftig ausgebreitet werden. Vermeide direkte Sonneneinstrahlung.

Samen solltest du ca. 2 Wochen auf Papier nachtrocknen, bis keine Restfeuchte mehr enthalten ist. Dicke, fleischige Wurzeln werden vor dem Trocknen von Erdpartikeln und Faserwurzeln befreit. Du kannst diese auch schälen und am besten in Scheiben oder Würfel schneiden, damit sie besser trocknen.

Die getrockneten Kräuter lagerst du am besten in Papiersäckchen, verschließbaren Behältern aus Pappe, Glas o.Ä. (keine Metallgefäße) und im Dunkeln bei relativ niedriger Temperatur bis 15°C. Beschrifte deine Behälter gut.

Zerkleinere die Pflanzenteile erst kurz vor der Verwendung, da der Wirkstoffgehalt zerkleinert im Allgemeinen schneller abnimmt als bei ganzen Blättern oder Blüten. Beim Zerkleinern verflüchtigen sich dabei beispielsweise auch die ätherischen Öle. Kräutersalz, aromatisierter Zucker oder Pulver aus frischen oder getrockneten Kräutern zum Würzen der Speisen sind ebenfalls gute Möglichkeiten, die Kräuter haltbar zu machen. Die Geschmackstoffe und ätherischen Öle werden dabei vom Zucker oder Salz aufgenommen. Diese solltest du – ebenso wie getrocknete Kräuter – nicht länger als zwei Jahre aufbewahren. Im Idealfall erntest und verwendest du diese jedes Jahr frisch.

Ein Wort zum Naturschutz

Vermutlich fühlen wir uns alle vom Anblick blühender Wiesen, sprudelnder Bäche und urwüchsiger Wälder beglückt. Hier lebt eine Fülle verschiedener Pflanzen und Tiere, das Summen der Insekten und das Zwitschern der Vögel erfüllt die reine Luft, die wir atmen. Viele naturverbundene Menschen sind von dem Wunsch erfüllt, diese Oasen der Besinnung und Zufriedenheit zu schützen und auszuweiten. Es ist Zeit dafür, Brücken zwischen den Bedürfnissen der „Naturschützer" und „Naturnutzer" zu bauen, da der Fortbestand einer intakten Natur auf der Erde unser gemeinsames Anliegen ist. Wenn der Naturschutzgedanke eine Selbstverständlichkeit geworden ist, kann es viele solcher Orte geben, denn die meisten von uns sind gleichzeitig sowohl „Schützer" als auch „Nutzer". Am Thema Landwirtschaft und durch das Zitat von PELT ET AL. (2000) wird dies besonders deutlich: „Der Bauer ist so lange der beste Hüter des Lebens und der Landschaft, wie man ihn nicht dazu zwingt, ständig mehr zu erzeugen, ganz gleich was und auf welche Art und Weise." Wie unsere Umwelt in Zukunft aussehen wird, bestimmt das Bewusstsein jedes Einzelnen von uns.

Besondere Lebensräume erkennt man häufig an den seltenen Arten, die dort (noch) zu finden sind. Sie sind als Spezialisten oft Anzeiger, sogenannte Indikatoren, für die dort herrschenden Standortbedingungen. Die meisten von ihnen stehen unter Naturschutz und werden geschont. In diesem Buch werden nur sehr wenige geschützte und seltene Arten vorgestellt und es wird extra darauf hingewiesen. So hast du eine Möglichkeit, dir diese in deinem eigenen Garten zu ziehen, zu verarbeiten und gleichzeitig damit zu deren Erhalt und Verbreitung beizutragen. Neben den gesetzlich geschützten Arten gibt es außerdem für bedrohte Arten eine sogenannte „Rote Liste". Hier wird für jedes Bundesgebiet in verschiedenen Gefährdungskategorien angegeben, wie stark bedroht eine bestimmte Pflanzenart ist.

Damit sollten wir uns aber nicht der Verantwortung entziehen, auf den Erhalt des Lebensraumes der nicht unter Schutz gestellten Arten zu achten. Wenn sie an dem Fundort vielleicht das letzte Exemplar sind, so sind sie unserer Meinung nach damit auch erhaltenswert. Zum Glück sind die meisten der verwendeten Heil-, Färbe- und Küchenkräuter „Allerweltsarten". Natürlich ist auch hier darauf zu achten, den Bestand nicht unnötig zu strapazieren. Wenn du beim Bärlauch beispielsweise nur jeweils ein Blatt pro Pflanze entnimmst, kann die Zwiebel im Boden genug Nährstoffe für das kommende Jahr speichern und erneut austreiben. Werden alle Blätter abgeschnitten, verkümmert die Pflanze. Beim Sammeln einzelner Blätter oder Blüten wird die Pflanze kaum geschädigt, und zudem brauchst du die Blätter zu Hause nur noch zu waschen und nicht mehr mühsam vom Stängel zu zupfen und zu sortieren – das macht außerdem draußen in der Natur viel mehr Spaß als in der Küche.

Grünes Besteck: Alles ist erlaubt

Steht dieses Symbol an einer Pflanze, so sind alle Teile von ihr ungiftig, d.h. du kannst Blüten, Blätter, Früchte und Wurzeln und was dir für die Verwendung attraktiv erscheint, verwenden. Meist eignen sich die Blüten als Dekoration für deine Gerichte. Die Blätter bereichern Salat, Gemüse oder Smoothies.

Smoothie

- 1 Handvoll Kräuter oder im Frühjahr auch frisch ausgetriebene Blätter von Spitz-Ahorn, Buche, Birke, Eiche, Ulme usw.
- Obst wie Apfel, Birne, Erdbeere, Banane, Orange, Melone, Mango usw.

Smoothies sind eine einfache Möglichkeit, den Speiseplan gesünder, genussvoller und vitaminreicher zu gestalten. Sie bieten je nach Saison und persönlicher Vorliebe eine unerschöpfliche Fülle verschiedener Geschmackserlebnisse, so dass ihr Genuss nie langweilig wird.

Das Frühjahr bietet mit dem Reichtum an zarten Blättern von den verschiedensten Bäumen eine ideale Ergänzung. Ein Smoothie zur Stoffwechselanregung sollte ebenfalls eine herbe Komponente durch Kräuter mit Bitterstoffen oder Senfölglykosiden enthalten. Hierfür eignen sich z.B. Löwenzahn, Wiesenschaumkraut, Knoblauchsrauke, Bärlauch, Sauerklee und Sauerampfer. Du kannst selbstverständlich stattdessen oder zusätzlich auch weitere Wild- und Kulturkräuter verwenden. Von Möhren, Radieschen, Kohlrabi etc. kannst du auch wunderbar die grünen Blätter hinzufügen. Wenn du nicht an den Genuss von Wildpflanzen und bitteren Speisen gewöhnt bist, dann beginne vorsichtig und steigere die Menge behutsam.

Für die Zubereitung werden die Früchte entkernt (je nach Art auch geschält) und die Blätter gewaschen. Dann wird alles zusammen in einen kräftigen Mixer gegeben, mit Wasser aufgefüllt (ca. ½ l bei einer Mixergröße von 1½ l) und püriert. Du kannst die Smoothies nach Belieben mit Joghurt, Kefir, Quark usw. verfeinern und mit Zitronensaft, Sirup, Honig, Zucker oder Stevia (frische Blätter oder Extrakte) abschmecken.

Baumblätter-Kanapees

Das Frühjahr bietet mit den frisch austreibenden Baumblättern eine herrliche Möglichkeit, wunderschöne Party-Häppchen zu zaubern. Für die Gestaltung der Käse- und Wurstscheiben eignen sich sehr gut Ausstechformen zum Backen. Natürlich bieten sich auch noch unzählige andere Varianten, die Kanapees auf deine Weise und nach deinem Geschmack zu servieren.

Frühlings-Blütensalat

Dieser Salat ist eine Hommage an das erwachende Frühjahr und die beginnende Wildkräutersaison. Wenn man genug frische Gierschblätter hat, sind diese wunderbar als Grundlage geeignet. Wenn nicht, empfiehlt es sich, als Basis einen Salatkopf zu verwenden und diesen mit den Wildkräutern zu ergänzen, da die meisten sehr intensiv schmecken, und der Geschmack ohne eine mildere Grundlage leicht zu herb wird.

- Giersch als Basis, dazu Löwenzahn, Knoblauchsrauke, Sauerampfer, Taubnessel, Gundermann, Veilchen, Bärlauch ...
- 3 EL Öl
- 2 EL Essig
- 1 TL Honig oder Wildkräuter-Sirup
- 1 TL Senf
- Salz, Pfeffer
- Saft einer Orange

Die Blüten und Blätter der Wildkräuter werden getrennt gesammelt und gewaschen. Die Blüten werden nach dem Waschen in der Salatschleuder wieder duftig zart. Die Blätter werden grob gehackt. Aus den übrigen Zutaten wird eine Marinade gerührt. Nach Belieben kann der Salat mit gebratenen Filetstreifen, Tomaten, Eiern etc. verfeinert werden. Vor dem Servieren werden die Blüten auf dem Salat angerichtet.

Wildpflanzen-Gemüse

Jede Wildgemüsepflanze hat, ebenso wie unser Gartengemüse, ihren eigenen, unverwechselbaren Geschmack. Um herauszufinden, welcher Geschmack dir zusagt und welcher nicht, ist es ratsam, jede Pflanze erst einmal einzeln zu probieren. Dafür sammelt man einfach eine Handvoll Blättchen, die dann gewaschen kurz in Butter gedünstet und sparsam gewürzt werden.
Streue einfach ein paar Blättchen gewaschener und gehackter Wildkräuter über Pellkartoffeln, Salzkartoffeln oder Reis, um auszuprobieren, wie dir der Geschmack gefällt. Die Blätter pur probiert sind oft so intensiv, dass du dir kaum vorstellen kannst, wie diese in einem Gericht verarbeitet schmecken. Eine Kräuterbutter mit nur einer einzelnen Wildpflanze eignet sich auch sehr gut für einen Geschmackstest.
Dann kannst du auch deine eigenen Mischungen mit den Kräutern, die dir zusagen, zusammenstellen. Probiere auch aus, ob dir die Kräuter lieber roh oder gegart zusagen – der Geschmack ist bei einigen Arten unterschiedlich.

Wildkräuter-Suppe

- 1-2 Handvoll Wildkräuter
- 1 kg Kartoffeln
- 2 Zwiebeln
- 4 Knoblauchzehen
- 2 EL Gemüsebrühe
- 100 ml Weißwein
- Salz
- Creme fraiche zum Garnieren
- Butter oder Öl, Salz und Pfeffer
- Zitronensaft und evtl. Honig zum Abschmecken

Dieses Rezept eignet sich sehr gut für kräftige Kräuter wie Brennnessel, Sauerampfer, Giersch, Beifuß oder Bärlauch – natürlich auch für Mischungen der verschiedensten Wildkräuter. Durch die Kartoffeln wird der Geschmack sehr gut eingebettet. Die Zubereitung ist einfach. Die Kräuter waschen und hacken. Die geschälten Kartoffeln und Zwiebeln in Stücke schneiden und in Öl oder Butter glasig dünsten. 1 l Wasser und die Gemüsebrühe hinzufügen und gar kochen. Kräuter hinzufügen, etwas ziehen lassen und dann alles zusammen pürieren. Mit Weißwein, Zitronensaft, Salz und evtl. Honig abschmecken.

Wildkräuter-Gemüse-Waffeln

- 400 g Gemüse wie Kohlrabi, Möhren, Zwiebeln, Zucchini, Lauch, Sellerie etc.
- 1 Handvoll-Blätter von Wildkräutern
- 2 Knoblauchzehen
- 300 g Weizenvollkornmehl
- ¼ l Milch
- 4 EL Sahne
- 2 Eier
- Salz und Pfeffer

Die Waffeln sind durch die Gemüsestreifen sehr saftig. Die Zubereitung ist ganz einfach: Das Gemüse reiben und die Zwiebeln, Knoblauch und die Wildkräuter fein hacken. Alles zusammen mit den übrigen Zutaten verrühren und im Waffeleisen ausbacken.

Kräuter-Omelett

- 1 Handvoll Wildkräuter
- 8 Eier
- 1 EL Sahne
- 1 TL Salz
- Messerspitze Pfeffer
- Butter zum Anbraten

Die gewaschenen Kräuter werden zerhackt und zusammen mit den Eiern, der Sahne, Salz und Pfeffer verquirlt. Die Butter wird in der Pfanne geschmolzen und die Eiermasse dazu gegeben. Damit das Omelette nicht ansetzt, ist es ratsam, es nach dem Einfüllen bei kleiner Hitze zu garen und ab und zu leicht hin und her zu schwenken. Je nach Geschmack und Geschicklichkeit wird das Omelette entweder noch einmal von der anderen Seite gegart oder als Füllung mit Käse überstreut und die obere Hälfte auf die untere geklappt. Die Eiermasse sollte nicht zu braun gebraten werden, sondern oberseits noch glänzen und gerade gestockt sein.
Selbstverständlich kann man nach Geschmack auch zuerst Zwiebeln und Speck o.ä. in der Pfanne bräunen, bevor die Eiermasse hinein kommt.

Obstsalat mit Wildkräutern

- Früchte wie Heidelbeeren, Melone, Banane, Ananas, Apfel usw.
- Zitronensaft
- Wildkräuter nach Saison

Die Früchte werden in Stücke geschnitten, mit etwas Zitronensaft überträufelt und mit den gewaschenen und gehackten Kräutern vermischt. Wenn die Kräuter nur grob gehackt werden, ist jeder Bissen ein neues Geschmackserlebnis. Allerdings sollten sehr intensiv schmeckende Kräuter wie Schafgarbe, Gundermann oder Beifuß nicht in zu großen Stücken gelassen werden, da der Geschmack sonst etwas aufdringlich werden kann. Sehr lecker sind auch minzige und zitronige Kräuter wie Minze, Zitronen-Melisse, Sauerampfer, Sauerklee und Giersch.

Sirup

- 1 Handvoll junge Fichtentriebe, Löwenzahn-, Rosen-, Holunderblüten, Kalmuswurzeln und Zitrone oder Blätter von Minze, Zitronen-Melisse usw.
- 500 g Zucker, 500 ml Wasser

Der Sirup schmeckt sehr lecker zu Vanilleeis, Müsli, Quarkspeisen oder im Tee und kann auch zum Aromatisieren von Süßspeisen, Salaten und Getränken verwendet werden. Die Maitriebe (oder Kräuter) werden in mit dem Wasser bedeckt einige Minuten gekocht und dann abgeseiht. Das Kochwasser wird mit dem Zucker vermischt und so lange gekocht, bis es die gewünschte Konsistenz erreicht hat. Wenn du den Sirup in eine Flasche füllen möchtest, solltest du aufpassen, dass er nicht so weit eindickt, dass er beim Erkalten erstarrt. Mit einem kalten Löffel kannst du dies von Zeit zu Zeit testen. Wenn es Gelee werden soll, verwende statt des Zuckers Gelierzucker und bereite es nach Packungsvorschrift zu.

Blüten in Bierteig

- 150 g Mehl
- 1/2 TL Salz
- 1 El Zucker
- 50 ml Bier
- ca. 50 ml Milch
- 2 Eier
- 1 EL Öl

Duftige Blüten sind in Bierteig eine Delikatesse. Hierfür eignen sich besonders Robinien und Holunderblüten.

Für den Teig werden das Mehl, Salz, Öl, Bier und die Eier mit so viel Milch verrührt, bis eine geschmeidige Masse entstanden ist. Danach sollte der Teig ca. 30 Minuten ruhen, bevor die Blütentrauben in den Teig getaucht und in heißem Fett ausgebacken werden. Man kann sie mit Zimt und Zucker bestreuen oder Sahne dazu reichen. Besonders gut passen sie zu Vanilleeis, das mit etwas Fichtensirup angerichtet wird. Man kann auch frische Blüten dazu garnieren und mitessen.

Natürlich eignet sich der Teig auch für deftige Speisen und beispielsweise Blätter von Salbei, Wegerich, Bärenklau, Beinwell und Schlangen-Knöterich. Dann nimmst du statt des Esslöffels nur eine Prise Zucker und bereitest den Teig ansonsten genauso zu. Lecker sind auch ausgebackene Pilze, Zwiebelringe und Gemüse wie Möhrenscheiben, Paprika, Zucchini, Kohlrabi oder Brokkoli – du kannst den Grundteig dann auch mit gehackten Kräutern zubereiten. Für Fisch ist es besonders lecker, den Grundteig mit etwas Zitrone und Knoblauch zu würzen. Dazu passt wunderbar ein Kräuterdip oder Avocadocreme.

Rezepte

Nun geht es aromatisch zu. Pflanzen die mit diesem Piktogramm gekennzeichnet sind, haben einen intensiven Duft. Meist enthalten sie wie z.B. Minze ätherische Öle. Es können – wie z.B. bei der Knoblauchsrauke – auch Senföle sein. Meist haben sie auch einen intensiven Geschmack und sind für Kräuterbutter, Schokoblätter etc. sehr gut geeignet. Dazu müssen sie jedoch zusätzlich das Pikrogramm für „essbar“ aufweisen, denn das Zeichen „aromatischer Geruch“ dient in erster Linie der Bestimmung und bedeutet nicht gleichzeitig, dass diese Pflanzen essbar sind.

Kräuterbutter

Eine Kräuterbutter aus Wildkräutern kann je nach verwendetem Kraut sehr unterschiedlich schmecken. Uns gefällt besonders gut Kräuterbutter mit Bärwurz, Scharbockskraut, Bärlauch, Gundermann, Sauerampfer oder Knoblauchsrauke.
Für die Herstellung Butter schaumig rühren (sie ist dann lockerer), die gewaschenen und gut abgetrockneten, gehackten Kräuter untermischen und leicht salzen. Man kann auch milde Kräuter wie Vogelmiere verwenden und mit anderen Kräutern wie z.B. Gundermann würzen - es gibt keine Grenzen bei der Entdeckung neuer Mischungen!

Schokoblätter

Schokoblätter können grundsätzlich aus jedem essbaren Blatt oder jeder Blüte hergestellt werden, und die einzelnen Arten entwickeln oft ein ganz überraschendes Aroma.
Die Herstellung ist denkbar einfach: Kuchenglasur wird im Wasserbad erhitzt und die Blätter eingetaucht, und nachdem sie abgetropft sind auf Backpapier ausgelegt. Zum Erkalten ist es am besten, sie in den Kühlschrank zu stellen. Danach lassen sie sich ganz leicht vom Backpapier abziehen und dekorativ anrichten. Sie eignen sich als als Verzierung von Torten und Süßspeisen. Sehr lecker sind die Blätter auch auf Spießen zwischen Obststücken. Als Rätselspiel kann man jedes essbare Blatt verwenden. Besonders lecker sind die von Wasser-, Acker- oder Pfeffer-Minze, Zitronen-Melisse, Gundermann, Süßdolde und Sauerklee.

Kräuter-Öl

Die Herstellung von Kräuterölen ist sehr einfach; und es macht viel Spaß, die Düfte und Farben der Kräuter in dem Öl „einzufangen". Als Basis dient bestes Pflanzenöl (Salatöl) ohne Eigengeschmack. Hierfür eignen sich auch aromatische Pflanzen besonders gut. Blätter und Blüten werden gewaschen, trocken getupft und so in eine weithalsige Flasche gegeben, dass diese zu einem Drittel gefüllt ist. Sie können auch als Strauß hineingehängt werden, nur darf oben kein Stängel herausschauen, da es sonst leichter schimmelt. Nun wird mit dem Öl aufgefüllt und täglich geschüttelt. Nach ungefähr einem Monat ist es fertig und kann abgefiltert, abgefüllt und beschriftet werden. Das Öl ist je nach verwendeter Pflanze zur äußerlichen Anwendung ebenso wie für eine gesunde Salatbeigabe geeignet.

Kräuter-Essig

Frische Kräuter oder Blüten können sehr gut zum Aromatisieren von Essig verwendet werden – auch hier sind aromatische Arten am besten geeignet. Am einfachsten ist es, wenn der Essig kalt angesetzt wird. Dafür eignet sich jeder gute Wein- oder Apfelessig, heller Balsamico-Essig ist auch sehr lecker.
Die Kräuter werden gewaschen, in ein verschließbares Gefäß gegeben und mit dem Essig aufgefüllt. Nach ca. 3-4 Wochen an einem warmen und dunklen Platz sind die Kräuter ausgezogen und der fertige Essig kann umgefüllt und mit Etikett versehen werden.

Räuchern

Das Räuchern hat eine lange Tradition, und die Menschen haben schon seit jeher den Duft aromatischer Pflanzen geschätzt. Jede Pflanze hat einen eigenen Duft – und eine eigene Atmosphäre, die dadurch geschaffen wird. Die einfachste Vorgehensweise ist es, getrocknete Pflanzenteile auf einer feuerfesten Unterlage anzuzünden und nachdem die Flamme erloschen ist, die Glut weiter anzupusten, damit die Kräuter weiter glimmen. Du kannst auch mit einem kleinen Räucherofen arbeiten, bei dem auf einem Teelicht ein feuerfester, durchlöcherter Deckel liegt, auf den die Kräuter gelegt werden. Es gibt auch Kohle zu kaufen, die angezündet wird und auf die nach dem Durchglühen das Räucherwerk aufgelegt wird.

Pflanzen mit diesem Piktogramm eignen sich für kosmetische Produkte

Kosmetische Produkte

Kräuter sind eine wunderbare Bereicherung für unsere tägliche Körperpflege. Sie sind für die Pflege des Haares, der Haut und die Mundhygiene geeignet. Besonders unserer Haut als Grenzfläche zur Umwelt können wir helfen, den vielfältigen Angriffen und Einflüssen aus unserer Umgebung zu widerstehen. Wir können sie je nach Typ entsprechend unterstützen und kräftigen. Gleichzeitig ist sie unser größtes Sinnesorgan, über das wir Stoffe und Wahrnehmungen aufnehmen können. Über die Haut einmassierte oder mit einem Bad oder bei der Aromatherapie aufgenommene Öle verbessern unser Wohlbefinden und unsere Gesundheit. Mit Kräutern können wir uns natürliche, milde Pflegemittel herstellen, die ganz auf die Bedürfnisse des eigenen Hauttyps und unsere Vorlieben in der Auswahl der Düfte und Wirkstoffe abgestimmt sind.
Für einen Kräuteraufguss werden ca. 2-5 Handvoll frische Kräuter (je nach Stärke – getrocknet ca. 20-50 g) in ½ l kochendes Wasser gegeben und nach dem Erkalten abgeseiht. Dieser Aufguss eignet sich für die Reinigung der Haut, kann in Pflegeprodukte als Zusatz gemischt werden oder für Umschläge und Kompressen mit einer Mullbinde oder einem Tuch aufgelegt werden. Im Kühlschrank ist ein Aufguss einige Tage haltbar. Bei empfindlichen Kräutern kannst du einen kalten Auszug herstellen, indem die geschnittenen Kräuter 12 Stunden mit kaltem Wasser ausgezogen werden. Du kannst dir auch flüssige Pflanzenextrakte kaufen und diese tropfenweise in die kosmetischen Produkte geben.
Für fettige Haut eignen sich Kräuter wie beispielsweise Frauenmantel, Schachtelhalm und Ringelblume. Diese straffen und stärken die Haut, schließen die Poren und wirken heilend bei Hautunreinheiten. Bei trockener Haut empfehlen sich Kräuter, die die hauteigene Fettschicht ergänzen und beruhigend und schützend wirken, wie Eibisch, Beinwell, Kamille und Veilchen.

Klettenlabkraut-Deodorant

Um sich ein Naturdeo zu fertigen, braucht man nur einige Triebe Klettenlabkraut. Dazu kann man die ganzen Stängel und Blätter mitsamt den Blüten oder Früchten nehmen. Sie werden wie für einen starken Tee zerkleinert und gut mit Wasser bedeckt zum Kochen gebracht. Danach lässt man sie ca. 15 min. köcheln. Wenn sie erkaltet sind, können sie abgeseiht und in eine Pump-Spray-Flasche gefüllt werden. Das Deo hält sich im Kühlschrank ca. 4-5 Tage. Du kannst es auch portionsweise in Eiswürfelformen einfrieren. Das Deo hat zwar deodorierende Eigenschaften, aber keinen eigenen angenehmen Duft. Um es zu parfümieren, kann man entweder mit dem Labkraut zusammen aromatische Pflanzen kochen – oder man gibt der fertigen, abgefilterten Lösung einige Tropfen ätherische Öle nach eigener Wahl hinzu.

Badesalz

Du kannst einfach Badesalz herstellen, indem du 100 g Meersalz mit 10 Tropfen ätherischer Öle beduftest und in einem geschlossenen Döschen schüttelst.

Badekugeln

- 15 g Milchpulver
- 10 g Maisstärke
- 20 g Kakaobutter oder Öl
- 20 g SLSA
- 60 g Zitronensäure
- 125 g Natron
- 1 g Lecithin
- Lebensmittelfarbe
- Ätherische Öle (5-10 Tropfen) oder Duftöle (ca. 10 ml)

Die Menge reicht je nach Größe für 3-5 Badekugeln. Sie sind für Vollbäder, aber auch für Fußbäder geeignet. Sie haben vor allem eine pflegende, und je nach Zusatz anregende, beruhigende oder belebende Wirkung. Durch das Natronpulver und die Zitronensäure wird das Baden zu einem sprudelnden Vergnügen. Das Milchpulver kann zur Pflege der Haut hinzugegeben werden. Hier kannst du je nach Vorliebe Pflanzen-, Schafs-, Ziegen- oder Kuhmilchpulver verwenden oder auch ganz darauf verzichten. Die Maisstärke dient als bindendes Hilfsmittel. Kartoffelstärke ist nicht geeignet, da sie zu sehr schmiert. Statt der Kakaobutter kann auch jedes beliebige Öl verwendet werden. Es dient ebenfalls zur Pflege der Haut, kann aber auch weggelassen werden. Das Lecithin ist ein Emulgator, der verhindert, dass sich Fettaugen im Wasser und am Wannenrand bilden. SLSA ist ein Zusatzstoff, der für eine Schaumbildung sorgt. Auf diese beiden Zusätze kannst du ebenso verzichten (du bekommst beide in Apotheken oder z.B. über www.gisellamanske.com).

Herstellung

Die Zutaten werden in eine Schale gegeben und gut gemischt. Nach der Zugabe der ätherischen Öle und Farbstoffe werden diese mit einem Löffelrücken o.ä. immer wieder an den Rand der Schale gedrückt, so dass sie sich gleichmäßig verteilen. Zum Schluss wird das Öl bzw. geschmolzene Fett hinzugegeben und ebenfalls gut verknetet, so dass sich die ganze Masse wie krümeliger, feuchter Sand anfühlt. Dann werden mit der Hand – man kann auch spezielle Kugelformen dafür nehmen – Bälle geformt. Dabei erhalten die Bälle ihre Festigkeit durch das kräftige Zusammenpressen. Beim Trocknen bilden sie sich zu festen Bällen, die dann in warmes Wasser geworfen ein sprudelndes Badeerlebnis zaubern.

Heilpflanzen

Die mit diesem Piktogramm versehenen Pflanzen sind Heilpflanzen. Hierbei ist es egal, ob es sich um eine schulmedizinisch anerkannte Heilpflanze handelt oder ob sie in der Homöopathie, Bachblütentherapie o.ä. verwendet wird. Es können auch Giftpflanzen sein, die in passender Dosierung heilend wirken.

In den letzten Jahren hat sich die Aufmerksamkeit wieder mehr der klassischen Pflanzenheilkunde und ihren verschiedenen, verwandten Therapiemethoden zugewandt. Das Potential der verwendbaren Heilpflanzen scheint auch heute noch schier unerschöpflich zu sein. So sind noch längst nicht alle Wirkstoffe, Wirkmechanismen und Heilpflanzen entdeckt und beschrieben. Alleine die europäische Volksheilkunde stützt sich auf ca. 200 heimische Arten, die praktisch den gesamten Anwendungsbereich der alltäglichen Krankheiten umfassen. Die meisten dieser Pflanzen sind Arten, die direkt vor unserer Haustür und in der näheren Umgebung zu finden sind.

Die Wirkstoffe werden aus den Heilpflanzen gewöhnlich entweder mit Wasser (Tee oder Umschlag) oder Alkohol (Tinktur, Essenz oder Extrakt) extrahiert. Für kosmetische Pflegeprodukte, Massageöle oder Salben werden sie am besten in Öl gelöst.

Salbe

- 100 ml Öl
- 10 g Bienenwachs
- 1 Handvoll Knospen, Blüten, Kräuter oder Wurzelstücke

Die Herstellung einer Heilsalbe ist ganz einfach und beruht immer auf dem gleichen Prinzip, ganz egal, welche Kräuter oder Pflanzenteile du verwendest. Die Pflanzenteile werden in Öl ausgezogen (je nach Festigkeit 10 bis 30 Minuten), abgefiltert und dann mit Bienenwachs eingedickt.

Die Pflanzenteile werden zerkleinert und mit dem Öl in einem Topf erwärmt, bis leichte Bläschen aufsteigen. Sei vorsichtig, dass das Öl nicht zu heiß wird und die Kräuter „frittieren“! Nun wird das Öl mit einem Teefilter oder einem Tuch abgefiltert und das Bienenwachs hinzugegeben. Wenn das Wachs geschmolzen ist, kann die Salbe abgefüllt werden – gut geeignet sind Salbendöschen aus der Apotheke. Um Kondenswasserbildung am Verschluss zu vermeiden, kann man die geöffneten Döschen mit einem Küchentuch abdecken, bis sie ganz abgekühlt sind. Dann werden sie verschlossen und beschriftet.

Tee

Tee wird üblicherweise aus getrockneten Pflanzenteilen (Blüte, Blatt, Stängel, Frucht oder Wurzel) hergestellt. Man kann die Pflanze genauso gut gleich frisch grob zerkleinern und aufgießen. Blütenstände wie beispielsweise die von Holunder oder Mädesüß kann man auch ganz in eine Tasse hängen, so dass der Stiel oben heraus schaut und mit heißem Wasser überbrühen. Pro Tasse verwendet man meist einen Teelöffel getrocknetes oder entsprechend einen Esslöffel frisches Pflanzenmaterial. Getrocknete Blätter werden erst vor dem Aufgießen des Wassers mit den Händen zerkleinert, da sie so ihr Aroma am besten entfalten. Sie können in einen Teefilter oder direkt in eine Kanne gefüllt und vor dem Trinken abgeseiht werden. Die meisten Kräuter haben nach 5-10 Minuten lange genug gezogen. Der Tee kann nach Belieben mit Honig gesüßt oder mit weiteren Kräutern gemischt werden – außer bei Teemischungen mit Bitterstoffen, diese sollten ungesüßt getrunken werden, da einige Verdauungsenzyme bereits im Mund gebildet werden.

Tinktur

Bei einer Tinktur ist für die gleiche Wirkung eine geringere Menge an Wirkstoffen notwendig als bei einem Tee. Hier ist das Verhältnis von Wirk- zu Begleitstoffen optimal. Die Begleitstoffe wirken an sich nicht heilend, können die Wirksamkeit der heilenden Substanzen jedoch erheblich verstärken. Bei einem wässrigen Auszug wird im allgemeinen ein mittelgroßer Teil der Wirkstoffe und der größte Teil der Begleitstoffe gelöst. Mit Alkohol extrahiert, ist das Verhältnis genau umgekehrt: es löst sich der größte Teil der Wirkstoffe und ein mittelgroßer Teil der Begleitstoffe.

Herstellung

Es ist ganz einfach, sich selber eine Tinktur aus frischen Pflanzen herzustellen. Die Kräuter oder Blüten werden zerkleinert und in ein weithalsiges Glas gegeben, bis dieses zu 1/3 gefüllt ist. Danach wird mit Alkohol aufgefüllt. Üblich ist die Verwendung von ca. 40-45 %igem Alkohol. Du kannst die Kräuter auch als Kombination von Heil- und Genussmittel in Wein ausziehen. Egal für welchen Alkohol du dich entscheidest: Der Ansatz wird täglich gut geschüttelt und nach 2 bis 3 Wochen ist die Tinktur fertig und kann abgefiltert und in eine dunkle Flasche gefüllt und beschriftet werden.
Von der Tinktur kannst du bei Bedarf 1-5 Tropfen direkt auf die Zunge tropfen oder diese in Wasser gelöst trinken. Im allgemeinen sind 3-10 Tropfen pro Tag (entweder 3x 3 Tropfen oder 2x 5 Tropfen) eine gute Richtlinie. Du solltest jedoch auf dein Körpergefühl achten, um deine eigene passende Dosis zu finden. Sie kann, wie beispielsweise eine Spitz-Wegerich-Tinktur gegen Insektenstiche, auch direkt auf die Haut aufgetragen werden.

Bei diesem Piktogramm wird es bunt und kreativ

Faszination Naturfarben

Die Natur ist voller Farbe, es gibt unendlich viele verschiedene Farbtöne und alles passt harmonisch zusammen. Einige wie z.B. der Schneeball verändern ihre Farbe mit der Zeit oder durch die Oxidation an der Luft, sowie durch die Einwirkung von Lauge oder Säure. Die Naturfarben bieten unendlich viele Möglichkeiten mit ihnen zu experimentieren.
Am einfachsten ist es, Blüten und Blätter auf ein Papier zu pressen und zu schauen, was für Farben entstehen. Du kannst die Farbstoffe auch aus den Pflanzen extrahieren und in verschiedenster Weise weiter zubereiten. Dabei ist es spannend zu erleben, wie unterschiedlich die Blätter, Blüten, Wurzeln und Früchte selbst einer Pflanze färben.
Sehr saftige Früchte wie z.B. die von Holunder und Liguster eignen sich besonders gut für Tinten. Sie können zum Schreiben verwendet und aquarellierend vermalt werden. Mit Zucker, Honig oder dem Gummi von Bäumen (Kirsche, Mandel, Pflaume) versetzt werden sie dickflüssiger. Sie können auch mit Tapetenkleister vermengt als Fingerfarbe, mit Gips zu Straßenkreide oder mit Mehl zu Schminkfarben verarbeitet werden. Für ganz zünftiges Malen können Pinsel aus der Natur mit Federn, Halmen oder aufgeschnittenen Hölzern gebaut werden – sie liefern ganz verschiedene Effekte.

Färben von Wolle und Seide

Grundsätzlich kann fast mit jeder Pflanze gefärbt werden, das Problem ist jedoch die Licht- und Waschechtheit der Farbstoffe.
Da sich die wasserlöslichen Farbstoffe der Färbepflanzen nicht mit den Fasern verbinden, ist außerdem eine Vorbehandlung der Fasern nötig. Diese sog. Beize setzt sich an die Fasern und sorgt dafür, dass sich die Farbpartikel an ihren Metallmolekülen binden können. Du kannst auch pflanzliche Beizen, wie z. B. Sauerampfer oder Bärlapp, verwenden. Diese verändern durch ihre Eigenfarbe jedoch auch den Farbton. Nur mit sehr wenigen gerbstoffreichen Pflanzen (wie z. B. Walnuss und Eiche) kann ohne Vorbeize gefärbt werden. Tierische Fasern wie Wolle und Seide nehmen die Farbstoffe auch sehr viel besser auf als pflanzliche wie Baumwolle und Leinen. Für das eigentliche Färben können die Pflanzen sowohl frisch (2-3-fache Menge) als auch getrocknet verwendet werden. Restliche Färbebäder kannst du gut beschriftet einige Zeit aufbewahren.

Liguster

Zum Ausprobieren sammele eine gute Handvoll frisches Kraut und koche es zerkleinert 30 Minuten in einem Liter Wasser. Die Menge reicht für ein kleines vorgebeiztes Seidentuch. Der Färbesud wird abgeseiht und das Tuch darin 30-60 Minuten erhitzt (nicht über 90°C). Grundsätzlich ist Seide und Wolle sehr gut zum Färben geeignet, während synthetische und pflanzliche Fasern wie Leinen und Baumwolle die Farbstoffe nicht oder nur schlecht annehmen.

Beizen

Für die Beize kannst du Alaun verwenden. Dann werden 100 g Wolle (oder Seide) 1-2 Stunden in einer Beizlösung aus 15 g Alaun mit 5 l Wasser geköchelt. Von Karin Tegeler (www.textiles-werken.de) haben wir eine – sowohl Umwelt wie auch Wolle schonendere – Tonerde-Kaltbeize (Bezug über https://shop.pflanzenfaerber.eu) kennen gelernt. Die Anwendung ist noch einfacher: 100 g Kaltbeize wird in wenig 50°C warmem Wasser aufgelöst, mit kaltem Wasser auf 5 l aufgefüllt und umgerührt. Die gewaschene Wolle wird nun 8-12 Stunden in der Beize liegen gelassen und vor dem Färben mit klarem Wasser gespült, da sich die überschüssige Beize auch im Färbebad an Farbstoffe bindet.

Färben

Für den Farbsud brauchst du für 100 g Wolle etwa 100 g getrocknetes (oder entsprechend 2-3x mehr frisches) Kraut. Für eine hohe Farbausbeute lässt du die Pflanzenteile am Vortag mit heißem Wasser bedeckt einige Zeit stehen, dann werden sie eine Stunde gekocht und über Nacht ausgezogen. Am nächsten Tag wird der Absud (die Färbeflotte) abgefiltert und zusammen mit der gebeizten Wolle langsam zum Kochen gebracht und mindestens eine Stunde bei ca. 90°C gefärbt. Danach wird die erkaltete Wolle gespült. Da Wolle alkalifeindlich und säurefreundlich ist, empfiehlt es sich, sie nach dem Spülen in Essigwasser zu fixieren (Wasser mit Essigessenz bei pH-Wert von 5-6). Nun wird die Wolle ausgedrückt oder geschleudert und zum Trocknen aufgehängt. Die Wolle kann beim Filzen durch die Seifenlauge ihren Farbton verändern.

Mit Schöllkraut gefärbt

10-50 cm

Acker-Hellerkraut

(Thlaspi arvense)

Merkmale

Kreuzblütler. Durch die kleinen weißen Blüten mit 4 Blütenblättern, die rundliche Fruchtform (erinnert an Geldstücke „Taler“ = Heller) und das scharfe Aroma leicht kenntlich.

Standort

Äcker, Schuttfluren und Wegränder auf nährstoffreichen Lehmböden.

Genießer-Tipp

Blätter und junge Früchte im Salat und die Blüten als essbare Deko.

10-60 cm

Kleinblütiges Franzosenkraut

(Galinsoga parviflora)

Merkmale

Korbblütler mit ausnahmsweise gegenständigen Blättern und daran leicht kenntlich. Das Behaarte Franzosenkraut (Gallinsoga ciliata) mit abstehend behaartem Stängel ist ebenso verwendbar.

Standort

Äcker, Gärten und Wegränder mit lehmigen, stickstoffreichen Böden.

Genießer-Tipp

Blütenköpfe und Blätter in Salate und Gemüse.

5-50 cm

Vogel-Knöterich

(Polygonum aviculare)

Merkmale

Knöterichgewächs. Durch kleine Blätter, blattachselständige, kleine Blüten und für die Gattung typische Blattscheide leicht zu erkennen.

Standort

Trittfeste Kriechpflanze auf Äckern und Wegen nährstoffreicher Böden.

Genießer-Tipp

Blüten und Blätter im Kräuter-Omelett.

20-150 cm

Weißer Gänsefuß

(Chenopodium album)

Merkmale

Gänsefußgewächs. Vor allem im Blütenstandsbereich durch salzausscheidene „Blasenhaare“ mehlig bestäubt wirkend (Lupe). Blätter variabel von länglich bis zu rhombisch-dreieckig, nach oben hin schmaler, Rand meist unregelmäßig gesägt. Es gibt einige ähnliche Arten in dieser Gattung. Alle heimischen Gänsefuß-Arten sind essbar, einen unangenehmen Geschmack erkennt man beim Zerreiben am unangenehmen Duft. Verwechseln kann man Gänsefüße mit Melden (s. S. 75) die ähnlich zubereitet werden.

Standort

Äcker und Schuttfluren nährstoffreicher Böden.

Genießer-Tipp

Junge Blätter in Salaten und Gemüse-Waffeln.

5-20 cm

Acker-Stiefmütterchen

(Viola arvensis)

Merkmale

Veilchengewächs. Das Acker-Stiefmütterchen ist eng mit dem Gewöhnlichen Stiefmütterchen (Viola tricolor, s. unteres Foto) verwandt, dessen Blüten etwas größer und dreifarbig sind. Letzteres ist jedoch seltener und geschützt. Beide Arten können ähnlich verwendet werden. Außerdem gibt es keine giftigen unter den heimischen Arten. Bemerkenswert ist auch der starke Geruch nach Salicylsäure.

Standort

Äcker, grasige Hänge und im Siedlungsbereich auf nährstoff- und basenreichen Böden.

Genießer-Tipp

Blüten und Blätter als Bereicherung im Salat.

Gesundheits-Tipp

Salbe und Teekur bei Hautproblemen.

15-30 cm

Echter Erdrauch

(Fumaria officinalis)

Merkmale

Erdrauchgewächs. Einjähriges Kraut; Kulturbegleiter seit der jüngeren Steinzeit. Häufigste der ca. 5 mitteleuropäischen Arten dieser Gattung mit oben etwas eingedrückt wirkenden Früchten (Lupe oben).

Standort

Äcker, Ödland und Weinberge mit schwach sauren, stickstoffreichen Böden.

Gesundheits-Tipp

Das blühende Kraut als Tee bei Verstopfungen und Gallenbeschwerden.

60-200 cm

Kletten-Labkraut

(Galium aparine)

Merkmale

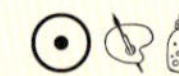

Rötegewächs. Durch quirlig angeordnete, klettende Blätter und Triebe leicht zu erkennen.

Standort

Kulturbegleiter seit der Steinzeit auf lehm- und nährstoffreichen Böden nahezu überall in Unkrautfluren, an Ufern und auf Äckern.

Gesundheits-Tipp

Stoffwechselanregender Tee.

Kosmetik-Tipp

Naturdeo.

Kreativ-Tipp

Haarkranz für Kinder.

2-70 cm

Hirtentäschel

(Capsella bursa-pastoris)

Merkmale

Kreuzblütler mit vierzähligen weißen Blüten und herz- bis pfeilförmigen Früchten (Lupe). Grundblattrosette mit schmalen, gezähnt bis fiederspaltigen Blättern. Leicht kenntlich durch die Fruchtform. Nach Herausfallen der Samen bleibt nur die längliche, durchscheinende Trennwand zurück (Lupe unten).

Standort

Bis 90 cm tief wurzelnde, eingebürgerte Pionierpflanze aus dem Mittelmeergebiet. Nährstoffreiche Unkrautfluren, Äcker und Wegränder.

Genießer-Tipp

Blüten und Blätter an Salate.

Gesundheits-Tipp

Tee oder Tinktur als blutstillendes Mittel.

30-60 cm

Kornblume

(Cyanus segetum)

Merkmale

Korbblütler. Auf Äckern nahezu unverwechselbar. Gehört zur Gattung der Flockenblumen. Auf Wiesen und in lichten Wäldern ähnlich sind die Berg- (Centaurea montana) und Filzige Flockenblume (Centaurea triumfettii). Sie haben auch blaue Blüten, aber breitere Blätter und innen violette Röhrenblüten. Beide sind ungiftig.

Standort

Einjähriges Ackerwildkraut aus dem Mittelmeergebiet, das die Menschen begleitet, seit sie Ackerbau betreiben. Empfindlich gegen Überdüngung.

Genießer-Tipp

Blüten als essbare Deko .

Kreativ-Tipp

Farbe für die Kreativwerkstatt.

30-90 cm

Klatsch-Mohn

(Papaver rhoeas)

Merkmale  

Mohngewächs. Abstehend behaarter Stängel und Fruchtknoten mit 8-18 Strahlen (Lupe). Am ähnlichsten ist der Saat-Mohn (Papaver dubium) mit länglichem Fruchtknoten und 4-10 Strahlen. Der giftige Schlafmohn blüht weiß bis violett.

Standort

Äcker, Schuttplätze und Wegränder auf kalkhaltigen und nährstoffreichen Lehmböden.

Genießer-Tipp

Samen zum Backen und Blütenblätter als essbare Deko.

15-40 cm

Echte Kamille

(Matricaria recutita)

Merkmale  

Korbblütler. Sicheres Erkennungsmerkmal ist der hohle Blütenboden (Lupe), ähnliche Arten wie Acker-Hundskamille (Anthemis arvensis) und Geruchlose Kamille (Tripleurospermum perforatum) haben einen markigen Blütenboden und nicht den kamilleartigen Duft. Die Strahlenlose Kamille (Matricaria discoidea) hat ebenfalls einen hohlen Blütenboden, ihr fehlen jedoch die weißen Zungenblüten. Sie ist weniger aromatisch als die Echte Kamille, kann als Küchenkraut aber ebenso verwendet werden.

Standort

Kulturbegleiter seit der Steinzeit. Äcker und Schuttstellen auf nährstoffreichen und meist kalkarmen Lehmböden.

Gesundheits-Tipp

Kamillensalbe und Tee.

15-50 cm

Acker-Schachtelhalm

(Equisetum arvense)

Merkmale

Schachtelhalmgewächs. Vor den typischen, grünen verzweigten Trieben erscheinen bleiche Sporentriebe (oberes Foto). Es gibt einige Arten und Verwechslungsgefahr besteht vor allem mit dem giftigen Sumpf- und Teich-Schachtelhalm. Erkennen kann man den Acker-Schachtelhalm sicher daran, dass das erste Glied der meist vierkantigen Seitentriebe länger ist als die Stängelscheide.

Standort

Rohboden-Pionier und Staunässe-Zeiger mit langen Ausläufern auf Äckern, an Wiesenrändern, Gräben und Böschungen auf lehmigen und feuchten Böden.

Kosmetik-Tipp

Abkochung als Haarfestiger.

Gesundheits-Tipp

Tee zur Stärkung von Bindegewebe und Skelett sowie zur Stoffwechselanregung.

20-50 cm

Pfeilkresse

(Cardaria draba)

Merkmale

Kreuzblütler. Herz- bis pfeilförmige Blätter. Die ähnliche Feld-Kresse (Lepidium campestre) mit geflügelten Schötchen (diese sind ungeflügelt) kann ebenso verwendet werden.

Standort

Äcker, Bahndämme, Schuttstellen, Wegränder auf nährstoff- und basenreichen Lehmböden.

Genießer-Tipp

Blüten, junge Früchte und Blätter in Salat, Kräuterbutter und Quarkspeisen.

20-100 cm

Knoblauchsrauke

(Alliaria petiolata)

Merkmale

Kreuzblütler. Im ersten Jahr rundliche Grundblätter (rechts) und im zweiten Jahr blühende Triebe mit spitzeren Stängelblättern (links). Am knoblauchartigen Geruch (vor allem beim Zerreiben) der Blätter zu erkennen.

Standort

Halbschatten auf nährstoffreichen Böden in Unkrautfluren, Waldsäumen, Gebüschen und an Wegrändern.

Genießer-Tipp

Kräuterbutter und Salat, die Wurzel geraspelt und die Samen als Würze.

50-250 cm

Großblütige Königskerze

(Verbascum densiflorum)

Merkmale

Rachenblütler. Auch Wollblume oder Fackelkraut genannt – in Wachs getaucht früher als Fackel und die Blätter als Zunder verwendet. Merkmale sind die behaarten Blätter und die fünf Staubfäden, von denen die drei oberen dicht weißwollig sind (Lupe). Ähnlich ist die Kleine Königskerze (Verbascum thapsus), die ebenso zu verwenden ist. Die Blätter auf keinen Fall mit denen des Fingerhutes verwechseln!

Standort

Sonnige Unkrautfluren, Waldschläge, Kieshänge, Bahndämme und in lichten Wäldern auf eher trockenen und nährstoffreichen, meist kalkhaltigen Lehmböden.

Gesundheits-Tipp

Blütenblätter im Likör und als Tee gegen Atemwegsbeschwerden.

50-200 cm

Nachtkerze

(Oenothera biennis)

Merkmale

Nachtkerzengewächs. Im ersten Jahr Blattrosette ohne Blüte (Blatt links) und im zweiten Stängel mit Blütenstand. Die Kleinblütige Nachtkerze (Oenothera parviflora) hat kleinere Blüten und ist ebenso verwendbar. Königskerzen (s. links) haben stärker behaarte Blätter und 5-zählige Blüten. Sie sind ebenso wie alle mitteleuropäischen Nachtkerzen-Arten ungiftig.

Standort

Verbreitung ab 1620 von NO-Amerika aus entlang des Bahnnetzes. Sonnige und trockene Sand- und Steinböden.

Genießer-Tipp

Die Blütenblätter frisch vom Blütenboden gezupft als essbare Deko und die Wurzeln als Gemüse.

30-80 cm

Seifenkraut

(Saponaria officinalis)

Merkmale

Nelkengewächs, das an den verwachsenen Kelchblättern und den blassrosa Blüten zu erkennen ist. Sieht Lichtnelken / Leimkräutern (Gattung Silene) ähnlich, die jedoch nicht die schäumenden und heilenden Inhaltsstoffe des Seifenkrautes besitzen.

Standort

Kulturbegleiter seit der Jungsteinzeit in Auwäldern, an Ufern, in Unkrautfluren und im Siedlungsbereich auf nährstoffreichen, meist etwas feuchten Stein-, Sand- oder Kiesböden.

Gesundheits-Tipp

Tee aus der Wurzel als auswurfförderndes Mittel bei Husten.

Kosmetik-Tipp

Shampoo und Seife.

60-120 cm

Kompaß-Lattich

(Lactuca serriola)

Merkmale

Korbblütler. Durch die Stachelreihe auf der Mittelrippe der Blattunterseite leicht kenntlich.

Standort

Sonnige Wegränder, im Siedlungsbereich an Mauern, Unkrautfluren und in Hecken auf nährstoffreichen Böden. Bis zu 2 m tief wurzelnd.

Genießer-Tipp

Die Blätter an Salate und Wildgemüse.

40-120 cm

Färber-Wau

(Reseda luteola)

Merkmale

Resedengewächs. Halbrosettenpflanze mit länglichen Blättern. Der ähnliche und entsprechend verwendbare Gelbe Wau (Reseda lutea) hat eingeschnittene (fiederspaltige) Grundblätter.

Standort

Rohbodenpionier trockener, nährstoff- und basenreicher Böden.

Kreativ-Tipp

Das blühende Kraut zum Gelbfärben.

10-70 cm

Gewöhnlicher Hohlzahn

(Galeopsis tetrahit)

Merkmale

Lippenblütler. Typische Blüten mit zwei hohlen „Zähnen“ (Lupe). Alle anderen Arten der Gattung sind ebenso verwendbar.

Standort

Pionierpflanze auf nährstoffreichen Äckern, Ödland, Wegrändern und Waldschlägen.

Genießer-Tipp

Blüten und Blätter an Salate und Wildgemüse.

20-80 cm

Ochsenzunge

(Anchusa officinalis)

Merkmale

Raublattgewächs. Erkennungsmerkmale sind die dunkelvioletten Blüten und behaarten, länglichen Blätter. Mit bis über ein Meter tief reichender, möhrenähnlicher Pfahlwurzel. Den ähnlichen, heller blau blühenden Acker-Krummhals (Anchusa arvensis) kann man durch seine geknickte Blütenkronröhre gut unterscheiden.

Standort

Felsiges Ödland, lichte und trockene Standorte.

Kosmetik-Tipp

Wurzelrinde diente zur Rouge-Herstellung. Blätter in Duftmischungen.

Genießer-Tipp

Blüten als essbare Deko.

30-60 cm

Acker-Senf

(Sinapis arvensis)

Merkmale

Kreuzblütler. Einer der einjährigen, gelb blühenden Kreuzblütler. Die Blätter ähneln denen vieler ähnlich verwendbarer Arten dieser Familie wie Raps, Rübsen, Kohl, Rettich und Hederich. Der Acker-Senf hat im Gegensatz zum ebenfalls essbaren Weißen Senf (mit behaarten Schoten und gelblichen Samen) kahle Schoten mit schwarzen Samen. Alle diese Arten sind essbar und ähnlich verwendbar.

Standort

Unkrautfluren, Brachen, Wege und Schuttplätze auf nährstoff- und kalkreichen Lehmböden.

Genießer-Tipp

Blüten und Blätter als Würze an Salate, Kräuterbutter und Quarkspeien.
Samen zu Senf vermahlen.

30-60 cm

Weg-Rauke

(Sisymbrium officinale)

Merkmale

Kreuzblütler. Eng am Stängel anliegende Schoten findet man sonst noch bei Schwarzem Senf (Brassica nigra), Rucola (Eruca sativa) und Grauem Bastardsenf (Hirschfeldia incana). Wie alle mitteleuropäischen Rauken sind sie essbar.

Standort

Wegränder, Gärten, Unkrautfluren und im Siedlungsbereich auf nährstoffreichen Böden.

Genießer-Tipp

Blüten und Blätter als Würze an Salate, Kräuterbutter und Quarkspeien. Samen als Würze.

30-150 cm

Große Brennnessel

(Urtica dioica)

Merkmale

Brennnesselgewächs. Zweihäusige Pflanze (d.h. es gibt männliche und weibliche Exemplare) mit (im Vergleich zu Taubnesseln) unscheinbaren Blüten (links unten: männliche und rechts: weibliche Blüten). Brennnesseln tragen im Gegensatz zu den Taubnesseln Brennhaare (Foto Mitte). Die Kleine Brennnessel (Urtica urens) mit glänzenden, kleineren Blättern kann ebenso verwendet werden.

Standort

Nährstoffzeiger entlang der Wegränder, in Ufern, Auwäldern, Schuttplätzen und im Siedlungsbereich bis in 2300 m Höhe.

Genießer-Tipp

Blätter durch Trocknen, Blanchieren oder mechanische Bearbeitung „entwaffnen". Kräuterbutter, Tee und Gemüse.

60-120 cm

Rainfarn

(Tanacetum vulgare)

Merkmale

Korbblütler. Durch die gelben kompakten Blütenköpfe leicht zu erkennen. Ohne diese nicht mit Schafgarbe (s. S. 56) verwechseln! Man erkennt sie am Geruch der Blätter.

Standort

Unkrautfluren, Wegränder, Ufer und Schuttstellen nährstoffreicher und nicht zu trockener Böden.

Garten- und Kreativ-Tipp

Blätter für biologischen Pflanzenschutz. Blütenstände zum Gelbfärben.

40-120 cm

Färberwaid

(Isatis tinctoria)

Merkmale

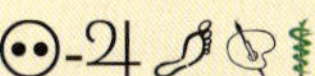

Kreuzblütler. Die Blüten ähneln denen von Raps oder anderen Vertretern dieser Familie, doch die hängenden, länglichen Früchte ist Färberwaid eindeutig zu erkennen. Bildet im ersten Jahr eine Blattrosette (Blatt rechts) und im zweiten Jahr einen blühenden Trieb mit Stängelblättern (Blatt links), dann sterben die unteren Blätter ab.

Standort

Aus Asien stammend und inzwischen in Mitteleuropa eingebürgert. Trockene und felsigen Hänge und Brachland.

Kreativ-Tipp

Lange Tradition als Färbepflanze zum Blaufärben.

Gesundheits-Tipp

Die Wurzeln dienten zur Herstellung von „Waidbitterlikör“.

20-75 cm

Leinkraut

(Linaria vulgaris)

Merkmale

Wegerichgewächs. Ohne Blüten einem Wolfsmilchgewächs ähnlich – durch den fehlenden Milchsaft jedoch leicht zu unterscheiden.

Standort

Rohbodenpionier auf Unkrautfluren, in Waldschlägen und Schuttplätzen sowie als Störzeiger in Wiesen auf basenreichen Böden.

Kosmetik-Tipp

Das blühende Kraut als Zugabe für Shampoos und Spülungen.

30-60 cm

Hederich

(Raphanus raphanistrum)

Merkmale

Kreuzblütler. Eingeschnürte Schoten und große Endfieder. Blüten hellgelb bis weißlich, oft violett geadert. Unter ähnlichen Kreuzblütlern mit 4-zähligen Blüten gibt es keine Giftpflanzen.

Standort

Äcker, Schuttplätze und Wegränder auf nährstoffreichen, frischen und eher sauren Böden.

Genießer-Tipp

Blüten und Blätter an Kräuterbutter und Salate.

bis 3 m (selten 12)

Essigbaum

(Rhus hirta)

Merkmale

Durch samtige Zweige, bis 30 cm lange, gefiederte Blätter und Milchsaft leicht zu erkennen.

Standort

Um 1620 aus Nordamerika eingeführt und häufig gepflanzt, verwildert im Siedlungsbereich.

Genießer-Tipp

Früchte als Gewürz und zum Aromatisieren für Getränke, Bowlen und Süßspeisen.

Schöllkraut

(Chelidonium majus)

Merkmale

Durch den gelborangenen Milchsaft ist dieses Mohngewächs leicht kenntlich.

Standort

Siedlungsbereich auf Schuttplätzen, an Wegrändern und in Hecken.

Gesundheits-Tipp

Der frische Milchsaft ist zur Warzenbehandlung geeignet.

Kreativ-Tipp

Das gesamte Kraut färbt selbst Baumwolle leuchtend gelb.

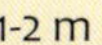

Echter Alant

(Inula helenium)

Merkmale

Korbblütler. Durch die großen Blütenköpfe und bis 50 cm langen, unterseits filzigen Blätter und den ca. 2 m hohen Wuchs leicht zu erkennen. Die Telekie (Telekia speciosa) hat unterseits grüne Blätter und ungleich lange, dachziegelartige Hüllblätter.

Standort

In Asien und im Mittelmeergebiet beheimatet und in Mitteleuropa auf nährstoffreichen, leicht feuchten und halbschattigen Standorten bisweilen verwildert.

Gesundheits-Tipp

Wurzel in Likör und als Tee gegen Husten und Asthma.

20-80 cm

Schmalblättriger Doppelsame

(Diplotaxis tenuifolia)

Merkmale

Fiederig zerteilte Blätter. Unter den Kreuzblütlern mit 4-zähligen, gelben Blüten sind keine giftigen.

Standort

Verwildert auf nährstoffreichen Böden klimabegünstigter Lagen.

Genießer-Tipp

Blätter wie Rukola Salate und Kräuterbutter, Blüten als essbare Deko.

50-250 cm

Kanadische Goldrute

(Solidago candensis)

Merkmale

Korbblütler. Zahlreiche, einseitig ausgerichtete, kleine Blütenköpfchen. Die ähnliche Riesen-Goldrute (Solidago gigantea) mit kahlem Stängel ist ebenso verwendbar.

Standort

Neophyt auf nährstoffreichen Böden auf Brachen, entlang der Bahndämme und Ufer.

Genießer- und Kreativ-Tipp

Blüten als Tee und das Kraut zum Gelbfärben.

30-60 cm

Ringelblume

(Calendula officinalis)

Merkmale

Korbblütler. Große orangene Blüten. Die Acker-Ringelblume (Calendula arvensis) hat hellere Blüten und andere ähnliche Korbblütler haben andere Blattformen.

Standort

Vermutlich aus dem Mittelmeerraum stammende, einjährige Pflanze verwildert aus Gärten auf lockeren und nährstoffreichen Böden.

Gesundheits-Tipp

Salbe aus den Blütenköpfen.

30-100 cm

Steinklee

(Melilotus officinalis)

Merkmale

Schmetterlingsblütler. An den Blütentrauben leicht zu erkennen. Sie duften Honigartig (ein anderen Name ist Honigklee) und sind eine wichtige Nektar- und Pollenquelle für die Insekten. Ohne die gelben Blüten ist der Echte vom Weißen Steinklee (Melilotus albus) kaum zu unterscheiden. Er gleicht in Ökologie und Anwendung dem Echten Steinklee, enthält jedoch weniger Wirkstoffe als dieser.

Standort

Rohbodenpionier an Wegrändern, Bahndämmen, Schuttplätzen und in Steinbrüchen auf mäßig nährstoffreichen und trockenen Böden. Gelegentlich zur Gründüngung gepflanzt.

Genießer-Tipp

Blüten für Duftwässer, Duftkissen, Liköre und Aromatherapie.

Gesundheits-Tipp

Innerlich und äußerlich als Heilpflanze u.a. bei Venenleiden, Krampfadern und Kopfschmerzen.

60-150 cm

Wiesen-Kerbel

(Anthriscus sylvestris)

⊙-♃

Merkmale

Doldenblütler. Gerillter Stängel, fehlende Hülle, behaarte Hüllblättchen (Lupe) und längliche Früchte (Lupe). Auf keinen Fall mit Geflecktem Schierling oder Hundspetersilie verwechseln!

Standort

Stickstoffzeiger auf Wiesen und entlang der Wege.

Genießer-Tipp

Blüten und Blätter an Salate, Quarkspeisen und Gemüse.

60-120 cm

Schmalblättriges Weidenröschen

(Epilobium angustifolium)

Merkmale

Nachtkerzengewächs. Durch schmale, weidenähnliche Blätter und die großen Blüten leicht zu erkennen. Es gibt einige Weidenröschen, die schwer zu bestimmen sind, alle sind ungiftig.

Standort

Pionierpflanze an Wegen, auf Trümmergrundstücken, Brandstellen, Ufern und Waldschlägen auf nährstoffreichen und kalkarmen Böden.

Genießer-Tipp

Blüten und junge Blätter für Tee.
Blüten als Deko für deftige Gerichte.

bis 25 m

Robinie

(Robinia pseudoacacia)

Merkmale

Schmetterlingsblütler. Dieser Baum ist durch die paarweise stehenden Dornen, gefiederten Blätter und langen Blütentrauben mit weißen Schmetterlingsblüten gut gekennzeichnet. Die noch lange an den Zweigen hängenden Hülsenfrüchte sind auch ein gutes Merkmal.

Standort

Im 17. Jh. aus Nordamerika nach Europa eingeführt. Inzwischen wächst dieses lichtbedürftige und anspruchslose Gehölz häufig an Wald- und Straßenrändern.

Genießer-Tipp

Alles außer den Samen und Blüten ist giftig.
Die Blüten schmecken in Teig gebacken, als Sirup oder einfach so sehr lecker.

50-90 cm

Giersch

(Aegopodium podagraria)

Merkmale

Doldenblütler. Weiße Blütendolden ähnlich anderer – teils hochgiftiger – Doldengewächse. An den doppelt dreiteiligen Blättern mit dem dreikantigen Blattstiel leicht zu erkennen. Etwas ähnlich (aber mit mehr Fiederblättchen) ist die ebenfalls essbare Wald-Engelwurz (s. S. 111).

Standort

Wegränder, Gärten und Wiesen auf nährstoffreichen Böden.

Genießer-Tipp

Junge Blätter als Salatgrundlage und Gemüse eine mild-aromatische Delikatesse.

bis 25 m

Rosskastanie

(Aesculus hippocastanum)

Merkmale

Seifenbaumgewächs. Außerdem sehen die Blattnarben aus wie kleine Hufeisen. Verbreitet werden die Früchte auch von Nagetieren, die sie als Wintervorrat verstecken.

Standort

Ca. 1580 mit den Früchten als Pferdefutter aus dem Balkan nach Europa gelangt, inzwischen verwildert und als Park- und Alleebaum bis nach Skandinavien in ganz Europa.

Kreativ-Tipp

Blätter und Rinde zum Färben.

Gesundheits-Tipp

Extrakte der Früchte sind u.a. in Venenmitteln und Extrakte der Rinde in Sonnenschutzmitteln.

30-100 cm

Odermennig

(Agrimonia eupatoria)

Merkmale

Rosengewächs. Früchte zur Anhaftung im Fell und Verbreitung mit Häkchen – daran bereits blühend erkennbar (Lupe). Der Große Odermennig (Agrimonia procera) mit leicht gekerbten Blütenblättern wird bis zu 180 cm groß und kann ebenso verwendet werden. Die gefiederten Blätter ähneln denen von Mädesüß (S. 78).

Standort

Felder und Wegraine nicht allzu nährstoffreicher Böden. Meidet saure und schattige Standorte.

Genießer- und Gesundheits-Tipp

Blüten in Likör und zusammen mit den getrockneten Wurzeln in Duftkissen. Beliebte Heilpflanze als Gerbstoffdroge.

30-100 cm

Rainkohl

(Lapsana communis)

Merkmale

Korbblütler. Ähnlich sind andere Korbblütler wie Mauerlattich (s. S. 104) oder Kreuzblütler wie Weg-Rauke (s. S. 38), die jedoch nicht die typischen Blattzähne am Blattgrund besitzen. Am Stängel weiter oberhalb fehlen diese und die Blätter (links) werden immer einfacher.

Standort

Kulturbegleiter seit der Steinzeit. Nährstoffzeiger und Pionierpflanze auf offenen und frischen Böden in Unkrautfluren, an Wegrändern und in lichten Wäldern.

Genießer-Tipp

Blüten und Blätter deftig angerichtet mit Speck und Ei.

bis 3 m

Japanischer Flügelknöterich

(Fallopia japonica)

Merkmale

Knöterichgewächs. Durch große Blätter und kräftigen Wuchs sowie weiße Blüten (Lupe) leicht zu erkennen. Der Sachalin-Staudenknöterich (Fallopia sachalinensis) mit größeren und am Grunde herzförmigen Blättern kann ebenso verwendet werden.

Standort

Heimat: Ostasien. Auf nährstoffreichen Böden entlang der Wegränder.

Genießer-Tipp

Junge Triebe im Frühjahr ähnlich wie Spargel als Pfannengemüse oder wie Rhababer als Süßspeise zubereitet sowie in Essig und Öl eingelegt. Die Stängelabschnitte ergeben für die Kreativwerkstatt Vasen, Blasrohre usw.

bis zu 1,5 m

Grosse Klette

(Arctium lappa)

Merkmale

Korbblütler. Bis zu 1,5 m großer, zweijähriger Korbblütler mit großen Blättern, hakeligen Blütenköpfen und dicker Pfahlwurzel. Es ist nicht die einzige Klettenart, doch eine Verwechslung ist nicht kritisch, da es in Mitteleuropa keine giftigen unter ihnen gibt und alle Arten ähnlich verwendet werden können.

Standort

Entlang der Wege sowie in Auwäldern und auf Schuttplätzen auf nährstoffreichen Böden.

Genießer-Tipp

Die markigen Stängel im Frühjahr als Konfekt.

Gesundheits-Tipp

Ölauszug von Samen und Wurzel in Hautpflegeprodukten.

30-80 cm

Zitronen-Melisse

(Melissa officinalis)

Merkmale

Lippenblütler. Wer das Aroma der Blätter einmal kennen gelernt hat, wird sie daran erkennen können. Ansonsten von ähnlichen Lippenblütlern durch die weißen Blüten mit den ungleichen Kelchblättern (Lupe) und den relativ lang gestielten, gekerbten und ± glänzenden Blättern von diesen zu unterscheiden.

Standort

Verwildert auf mäßig trockenen, nährstoffreichen und lehmigen Böden.

Genießer-Tipp

Blüten und Blätter in Süßspeisen und Obstsalaten.

10-30 cm

Huflattich

(Tussilago farfara)

Merkmale

Korbblütler. Der engl. Name „son bevor father" beschreibt ein Merkmal: Die Blüten treiben vor der Blattbildung aus, blühend leicht kenntlich. Blätter ähnlich Pestwurz (Petasites) und Kletten (s. S. 47). Ihre Blätter sind etwas runder und haben auch jung nicht den abwischbaren Belag auf der Oberseite. Diese weißfilzige Behaarung der jungen Huflattichblätter hat man früher als Zunder verwendet.

Standort

Pionierpflanze und Staunässezeiger auf Erdanrissen, Wegrändern und Äckern auf basenreichen Lehmböden.

Genießer-Tipp

Knospen in Essig und Öl eingelegt als Kapernersatz.

Gesundheits-Tipp

Die Blüten in Honig als Hustensirup ausgezogen.

60-120 cm

Echter Meerrettich

(Armoracia rusticana)

Merkmale

Kreuzblütler. Ohne Blüten ähnlich sind Ampfer-Arten, ihnen fehlt der aromatische Geruch und Geschmack. Ihre Blätter glänzen weniger und entspringen nicht direkt dem Wurzelkopf. Sie sind ungiftig jedoch ohne diese Wirkstoffe.

Standort

Aus Ost- und Südeuropa eingewandert und verwildert auf nährstoffreichen, feuchten Böden.

Genießer-Tipp

Blüten als essbare Deko und Blätter in Salate, Kräuterbutter und Quarkspeisen. Die Wurzel gerieben mit Sahne vor allem zu Fischspeisen.

bis 30 m

Walnuss

(Juglans regia)

Merkmale

Typisch gekammertes Mark in den jungen Zweigen (Lupe unten) und stark würzig duftende Blätter. Gefiederte (aber gegenständige) Blätter hat auch die Esche (s. S. 111) und Eberesche (s. S. 92). Die Knospen haben typische Bündelmale (Lupe Mitte).

Standort

Aus SO-Europa und Asien eingebürgert, häufig angepflanzt und in lichten Wäldern verwildert.

Genießer-Tipp

Nüsse unreif mit Schale in Alkohol einlegen als Magenbitter oder gesüßt als Likör, reif in Süßspeisen und Salate.

Kreativ-Tipp

Schalen / Blätter zum Braunfärben.

Gesundheits-Tipp

Blätter als Gerbstoffdroge gegen Durchfall, Hauterkrankungen, für Bäder und zum Gurgeln.

Wilde Malve

(Malva sylvestris)

Merkmale

Malvengewächs mit typisch handförmigen Blättern, Außenkelch und verwachsenen Staubfäden (Lupe). Am ähnlichsten ist die Weg-Malve. Die Volksmedizin unterscheidet die Arten nicht und es gibt keine giftigen unter ihnen.

Standort

Wegränder und lichte Wälder.

Genießer-Tipp

Blütenblätter als Tee und zum Aromatisieren. Früchte frisch vom Strauch gegessen und eingelegt. Blätter an Salate und Gemüse.

Beifuß

(Artemisia vulgaris)

Merkmale

Korbblütler mit unauffälligen, gelbbräunlichen Blütenköpfen (Lupe). Blätter unterseits grauweiß, nach oben hin einfacher, mit charakteristischem Geruch. Es gibt noch ein paar weitere Beifuß-Arten, die in Mitteleuropa heimisch sind und meist feinere Blätter besitzen und ähnlich verwendet werden können. Man sollte ihn für die kulinarische Verwendung nicht mit dem wirksameren Wermut (Artemisia absinthum) verwechseln, der beidseitig heller silbrige bis graufilzige Blätter besitzt.

Standort

Nährstoffreiche Äcker, Ödland und Wegesrand.

Genießer-Tipp

Tee, Kräuterbutter, Bratkartoffeln und traditionell Gänsebraten.

Kosmetik- und Gesundheits-Tipp

Die ätherischen Öle bereichern Duftkissen und Räuchermischungen.

30-100 cm

Eisenkraut

(Verbena officinalis)

Merkmale

Eisenkautgewächs mit gegenständigen Blättern und kleinen Blüten. „Verbenentee" stammt von der in Südamerika heimischen Zitronenverbene (Aloysia citrodora).

Standort

Stickstoffzeiger in Unkrautfluren und an Wegrändern auf frischen, sonnigen Standorten.

Gesundheits-Tipp

Gerb- und Bitterstoffdroge als Tee und Tinktur bei Durchfall und Appetitlosigkeit.

30-150 cm

Wegwarte

(Cichorium intybus)

Merkmale

Korbblütler. Blüten nur morgens bei Sonnenschein geöffnet. An hellblauen Blüten und sparrigem Wuchs gut zu erkennen. Als Zuchtformen werden Chicorée und Radicchio (Cichorium intybus var. foliosum) in verschiedenen Sorten angeboten.

Standort

Tiefwurzelnde Pionierpflanze an Wegrändern, Schuttstellen und auf Äckern.

Genießer-Tipp

Blüten als essbare Deko. Wurzeln als Zichorienkaffee.

Gesundheits-Tipp

Ähnlich wie Löwenzahn ein bitteres Anregungs- und Kräftigungsmittel.

10-20 cm

Kriechendes Fingerkraut

(Potentilla reptans)

Merkmale

Rosengewächs. Leicht kenntlich an den bis 1,5 m langen Ausläufern. Typisch 5 „Blattfinger" und 5-zähligen Blüten. Es gibt keine giftigen, jedoch seltene und geschützte Arten in dieser Gattung. Erdbeerblätter können auch ähnlich aussehen.

Standort

Wege, Wiesen, Äcker, Schuttfluren und Ufer nährstoffreicher und etwas feuchter Böden.

Genießer-Tipp

Blüten und Blätter in Salate und Gemüse.

12

10-50 cm

Spitz-Wegerich

(Plantago lanceolata)

Merkmale

Wegerichgewächs. Parallel verlaufende Blattadern und blattloser Stängel. Andere Wegerich-Arten können ähnlich aussehen. Es gibt keine giftigen unter ihnen.

Standort

Die Indianer sollen den Wegerich „Fußstapfen des Weißen Mannes" genannt haben. Tatsächlich findet man Wegerich meist entlang der Wege auf häufig betretenen Böden. Der Breit-Wegerich (Plantago major) verträgt noch etwas stärkere Trittbelastung und verdichteten Boden als der Spitz-Wegerich.

Genießer-Tipp

Blütenköpfe in Essig und Öl als Kapernersatz. Blätter in Salate und Gemüse.

Gesundheits-Tipp

Frisch zerdrückte Blätter gegen Insektenstiche und als Wundpflaster – auch als Tinktur.

20-60 cm

Guter Heinrich

(Chenopodium bonus-henricus)

Merkmale

Gänsefußgewächs. Bis über 10 cm große, ganzrandige, pfeilförmige Blätter. Alle europäischen Gänsefuß-Arten sind essbar. Die weniger schmackhaften Arten erkennt man daran, dass die Blätter beim Zerreiben unangenehm riechen.

Standort

Nährstoffreiche Böden im Siedlungsbereich.

Genießer-Tipp

Junge Triebe und Blätter in Salate und Gemüse.

13

50-150 cm

Wiesen-Bärenklau

(Heracleum sphondylium)

Merkmale

Doldenblütler mit grob zerteilten und behaarten Blättern (wie Bärentatzen). Es gibt viele Doldengewächse mit weißen Blütendolden – jedoch keine mit solchen Blättern. Der stark hautreizende Riesen-Bärenklau (Heracleum mantegazzianum) ist viel größer und hat kahle Blätter.

Standort

Nährstoff- und Überdüngungszeiger auf Wiesen, in Auwäldern, an Ufern und in Hochstaudenfluren auf lockeren, feuchten Böden.

Genießer-Tipp

Blattstiele und Blätter als Stängelkuchen. Fein gehackt an Salate und Gemüse.

Gundermann / Gundelrebe

(Glechoma hederacea)

Merkmale 

Lippenblütler. Am intensiven Geruch und den gegenständigen, rundlichen, gekerbten Blättern gut zu erkennen. Die typischen Lippenblüten bildet er nur an aufrechten Blütentrieben.

Standort

Nährstoffreiche Wiesen, Wälder und Wegränder auf nicht zu trockenen Böden.

Genießer-Tipp

Die Blätter in Schokolade. Blüten und Blätter als Würze für Salate, Kräuterbutter, Bratkartoffeln und Gemüse.

Vogelmiere

(Stellaria media)

Merkmale 

Nelkengewächs. Durch die Haarleiste am Stängel eindeutig bestimmbar (Lupe). Die ähnliche, ebenfalls essbare aber eher unangenehm schmeckende, Dreinervige Nabelmiere (Moerhingia trinerva) hat einen anliegend behaarten Stängel und dreiadrige Blätter.

Standort

Kulturbegleiter seit der jüngsten Steinzeit auf Äckern, in Gärten, Wiesen auf nährstoffreichen Böden. Erosions- und Verdunstungsschutz in den Weinbergen.

Genießer-Tipp

Blüten und junge Triebe in Salate und Gemüse.

Alpenmaßliebchen

Gänseblümchen

(Bellis perennis)

Merkmale

Korbblütler. Wintergrüne Rosettenpflanze. Nachts und bei Regen schließen sich die Blütenköpfchen. Am ähnlichsten ist das ungiftige, größere Alpenmaßliebchen (Aster bellidiastrum, unteres Foto) – es hat spitzere Blätter und wächst im Gebirge.

Standort

Als Nährstoffzeiger selbst auf häufig gemähten und betretenen Wiesen und Gänseweiden (Name!). In Wirtschaftsgrünland Zeiger für verdichteten Boden und Übernutzung.

Genießer-Tipp

Blütenköpfe mit Bananenscheiben auf Brot. Deko für Salate, Süßspeisen und Tomatensuppe. Knospen eingelegt in Essig und Öl als Kapernersatz. Blätter in Salate und Gemüse.

Gänse-Fingerkraut

(Potentilla anserina)

Merkmale

Rosengewächs. Ausdauernde Rosettenpflanze mit gefiederten Blättern. Dadurch leicht von anderen Fingerkraut-Arten mit gefingerten Blättern zu unterscheiden. Bei Trockenheit und bei starker Sonneneinstrahlung wird die helle, UV-reflektierende Blattunterseite nach oben gedreht.

Standort

Trittfeste Kriechpflanze in Wiesen, als Nährstoff-, Bodenverdichtungs- und Feuchte-Zeiger in Wiesen und Wegrändern.

Genießer-Tipp

Blüten und junge Blätter in Salate und Gemüse.

20-120 cm

Schafgarbe

(Achillea millefolium)

Merkmale

Korbblütler. An ihrem Geruch ist dieser Korbblütler gut zu erkennen und vom giftigen Rainfarn unterscheidbar, der außerdem gröbere Blätter hat.

Standort

Bis zu 90 cm tief wurzelnde Pionierpflanze, die zur Bodenfestigkeit beiträgt. Auf Wiesen und an Weg- und Waldrändern.

Gesundheits- und Kosmetik-Tipp

Als Tee und für Hautpflegeprodukte ähnlich wie Kamille zu verwenden.

Genießer-Tipp

Blätter an Kräuterbutter, Bratkartoffeln, Salate und Gemüse.

5-30 cm

Kleine Braunelle

(Prunella vulgaris)

Merkmale

Lippenblütler. Ähnlich Kriechendem Günsel (s. S. 110) und der größeren Großblütigen Braunelle (Prunella grandiflora), die ebenso verwendet werden kann.

Standort

Flachwurzelnder Feuchte- und Nährstoffzeiger auf Parkrasen, Äckern, Wiesen, Waldwegen und an Ufern.

Genießer-Tipp

Blüten – aus dem Kelch gezupft – als essbare Deko und die Blätter in Salate und Gemüse.

Gesundheits-Tipp

Tee bei Magen-Darm-Beschwerden und zum Gurgeln.

20-70 cm

Wiesen-Margerite

(Leucanthemum vulgare)

Merkmale ♃

Korblbütler. Leicht kenntlich, ähnlich sind Korbblütler wie Gänseblümchen oder Kamille-Arten, letztere mit gefiederten Blättern.

Standort

Ungedüngte Wiesen, Weg und Waldränder.

Genießer-Tipp

Blütenköpfe als essbare Deko. Blätter in Salate und Gemüse.

30-60 cm

Wiesen-Glockenblume

(Campanula patula)

Merkmale ♃

Glockenblumengewächs. An der glockenförmigen Blüte leicht zu erkennen – die Artbestimmung ist schwieriger. Es gibt keine Giftigen unter ihnen.

Standort

Frische, nährstoffreiche Wiesen und Wegränder sowie Waldlichtungen.

Genießer-Tipp

Die Blüten in Eiswürfel und als essbare Deko.

30-100 cm

Wiesen-Platterbse

(Lathyrus pratensis)

Merkmale ♃

Schmetterlingsblütler. Durch die gelben Blüten und das eine Fiederpaar mit Ranken am Ende gut zu erkennen. Ähnliche Platterbssen und Wicken sind gegart ebenfalls essbar.

Standort

Nährstoffreiche Fett- und Nasswiesen.

Genießer-Tipp

Blätter und Blüten als Gemüse.

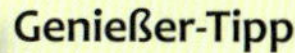

30-100 cm

Pastinak

(Pastinaca sativa)

Merkmale

Doldenblütler. An der Blattform und den gelben Blüten zu erkennen. Die stark giftigen Doldengewächse blühen weiß und haben feinere Blätter. Verwechslung am ehesten mit essbaren Bibernellen (s. S. 62) und Wiesenknopf (s. S. 65/70).

Standort

Lehm- und Verdichtungszeiger an Weg- und Grabenrändern auf meist kalkhaltigen, frischen und nährstoffreichen Böden. Auch angebaut und verwildert.

Genießer-Tipp

Blätter in Salate. Wurzel als Gemüse.

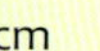

5-40 cm

Löwenzahn

(Taraxacum officinale)

Merkmale

Korblbütler. Sehr variable Blattform, in viele Kleinarten unterteilt. Ohne die Blüten Herbstlöwenzahn (Gattung Leontodon) und Ferkelkraut (Hypochaeris radicata) ähnlich, sie sind etwas herber aber ebenfalls essbar.

Standort

Zeigerpflanze für Überdüngung. Fettwiesen, Unkrautfluren und Wegränder.

Genießer-Tipp

Unglaublich vielseitige Pflanze, von der Knospen (in Essig und Öl eingelegt), Blüten (Sirup, Likör, Schnaps), Blätter (Salat, Gemüse, Smoothies und als Tee) sowie Wurzeln (Kaffee-Ersatz) verwendet werden können.

Gesundheits-Tipp

Auch der herbe, klebrige Milchsaft ist gesund und stoffwechselanregend!

15-40 cm

Rot-Klee

(Trifolium pratense)

Merkmale

Schmetterlingsblütler. Durch 3-zähligen Blätter und rote Blüten leicht zu erkennen. Es gibt keine giftigen Arten in der Gattung.

Standort

Wiesen, Wegränder auf frischen, nährstoffreichen Böden, auch kultiviert.

Genießer- und Gesundheits-Tipp

Blütenköpfe als essbare Deko. Tee bei Wechseljahrsbeschwerden

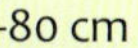

30-80 cm

Wiesen-Kümmel

(Carum carvi)

Merkmale  

Doldenblütler. Typisch sind die nebenblattartigen Blattfiedern und der würzige Geruch. Nicht mit stark giftigem Schierling oder Hunds-Petersilie verwechseln!

Standort

Wiesen, Weiden und Wegränder. Seit dem Altertum angebaut.

Genießer-Tipp

Blätter als Kräuterbutter, Salat und Gemüse.

20-150 cm

Wiesen-Flockenblume

(Centaurea jacea)

Merkmale

Korblbütler. Typisch sind die ungeteilten Blätter sowie die Blütenhüllblätter (Lupe). Es gibt ähnliche Flockenblumen aber keine giftigen Arten.

Standort

Wiesen, Halbtrockenrasen und Wegränder auf lehmigen, mageren Böden.

Kreativ-Tipp

Die Blätter zum Gelbfärben und die Blüten als essbare Deko und für Tees.

25-100 cm

Wiesen-Labkraut

(Galium mollugo)

Merkmale

Rötegewächs. Durch quirlständige Blätter und kleine Blüten leicht kenntlich, aber recht variabel und in mehrere Kleinarten unterteilt, die alle ungiftig sind. Das Kletten-Labkraut (s. S. 30) unterscheidet sich durch klettende Blätter.

Standort

Sonnige Wiesen und Wegränder mit nährstoffreichen und lehmigen Böden.

Genießer-Tipp

Blüten und Blätter in Salat und Gemüse.

30-100 cm

Wilde Möhre

(Daucus carota)

Merkmale 

Doldenblütler. Typischerweise mit schwarzroter „Mohrenblüte“ im Zentrum jeder Blütendolde. Fehlt diese, erkennt man sie an den gefiederten Hüllblättern und der vor und nach der Blüte nestartig zusammenneigenden Form. Eine Verwechslung mit giftigen Doldengewächsen mit gefiederten Blättern wie Hunds-Petersilie und Schierling muss auf jeden Fall ausgeschlossen werden!

Standort

Pionier in Magerrasen und Fettwiesen sowie an Wegrändern auf lockeren, sandigen oder steinigen Böden.

Genießer-Tipp

Blätter in Tomatensuppe und Blüten als Deko dazu. Auch an Salate und Kräuterbutter. Die Samen als Würze für Backwaren und Liköre.

5-40 cm

Gewöhnlicher Hornklee

(Lotus corniculatus)

Merkmale

Schmetteringsblütler. 3-zählige Blätter mit großen Nebenblättern. Der ähnliche Sumpf-Hornklee (Lotus uliginosus) mit hohlem Stängel ist ebenso verwendbar.

Standort

Bodenverbesserer und Rohbodenbesiedler an Böschungen. Wiesen, Wegrändern auf nährstoff- und basenreichen Lehmböden.

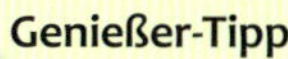

Genießer-Tipp

Blüten als Deko und Samen wie Bohnen.

30-60 cm

Bärwurz

(Meum athamanticum)

Merkmale

Doldenblütler. Durch aromatische und fein gefiederte Blätter leicht kenntlich.

Standort

Magerwiesen und lichte Laubwälder mit mageren und feuchten Böden.

Genießer-Tipp

Blüten und Blätter roh und gegart an Salate, Kräuterbutter und Gemüse. Wurzel an Liköre.

30-80 cm

Acker-Witwenblume

(Knautia arvensis)

Merkmale

Ähnliche Kardengewächse haben andere Blätter und Spreublätter (grüne kleine Blättchen zwischen den Einzelblüten, die fehlen bei dieser Art) – alle sind ungiftig.

Standort

Wiesen, Halbtrockenrasen und Wegränder.

Genießer-Tipp

Blüten als essbare Deko.

40-100 cm

Große Bibernelle

(Pimpinella major)

Merkmale ♃

Doldenblütler mit typischer Blattform. Die zierlichere Kleine Bibernelle (Pimpinella saxifraga) ist ebenso verwendbar. Ähnliche Blätter haben Pastinak (s. S. 58) und Wiesenknopf (s. S. 65/70). Giftige Doldengewächse wie Schierling und Hundspetersilie haben feinere Blätter.

Standort

Gebirgswiesen und Staudenfluren.

Genießer-Tipp

Blüten und Blätter in Salate und Gemüse.

30-120 cm

Vogel-Wicke

(Vicia cracca)

Merkmale ♃ 

Schmetterlingsblütler. Vielblütige Trauben und rankende Blätter mit 6-12 Fiederpaaren.

Standort

Wiesen, Wegränder und Waldlichtungen auf frischen bis mäßig trockenen Lehm- und Tonböden.

Genießer-Tipp

Roh giftig, Kraut und Samen gegart als Gemüse.

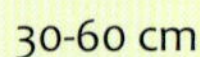

30-60 cm

Wiesen-Bocksbart

(Tragopogon pratensis)

Merkmale ⊙-♃

Korblbütler. Hohler Blütenstängel und verwobene Pappushaare (Lupe). Ähnliche Arten der Gattung ebenso verwendbar. Die Haferwurz (Tragopogon porrifolius) wurde früher als Wurzelgemüse kultiviert.

Standort

Frische, nährstoffreiche Wiesen und Wegränder.

Genießer-Tipp

Junge Sprosse in Salat und als Gemüse.

15-80 cm

Teufelsabbiss

(Succisa pratensis)

2↯ ⚕ 🍴

Merkmale

Kardengewächs. Von ähnlichen Kardengewächsen durch 4-zählige Blüten und Spreublätter zwischen den Blüten (Lupe) zu unterscheiden.

Standort

Magerkeitszeiger in Moor- und Magerwiesen sowie Waldlichtungen auf wechselfeuchten, eher sauren Böden.

Gesundheits-Tipp

Blüten und Blätter bei Verdauungsbeschwerden.

30-100 cm

Sauer-Ampfer

(Rumex acetosa)

Merkmale

Knöterichgewächs. An den pfeilförmigen Blättern zu erkennen. Es gibt weitere Arten, die z.T. nur schwer zu unterscheiden sind. Grundsätzlich sind alle Arten dieser Gattung essbar, allerdings haben nicht alle den erfrischend sauren Geschmack. Die kleinen unscheinbaren Blüten (Lupe) stehen in rötlichen Blütenständen zusammen – daran kann man einen Ampfer schon von Weitem erkennen.

Standort

Stickstoffzeiger auf Wiesen mit kalkarmen und etwas feuchten Böden.

Genießer-Tipp

Roh oder gegart eine Bereicherung für Salate, Quarkspeisen, Käuterbutter, Salate, Suppen und Gemüse.

20

5-25 cm

Feld-Thymian

(Thymus pulegioides)

Merkmale

Lippenblütler. Kriechender Halbstrauch mit verholzter Stängelbasis, kleinen, immergrünen Lederblättern und würzigem Geruch. Diese Art ist durch die nur auf den Kanten behaarten Stängel gekennzeichnet (Lupe). Alle Thymian-Arten sind essbar und ähnlich zu verwenden.

Standort

Magerwiesen und steinige Böschungen auf basischen und trockenen Böden. Die Blätter sind eine Anpassung an die trocken-sonnigen Standorte.

Gesundheits- und Kosmetik-Tipp

Duft für Kosmetik, Tee bei Atemwegs- und Verdauungsbescherden.

Genießer-Tipp

Blüten und Blätter als Würze.

3-15 cm

Scharfer Mauerpfeffer

(Sedum acre)

Merkmale

Dickblattgewächs. Dickfleischige Blätter und gelbe Blüten. Ebenfalls gelb blühende Mauerpfeffer-Arten haben nicht dessen scharfen Geschmack.

Standort

Pionierpflanze in sonnigen Felslagen, Trockenrasen, Bahndämmen etc. auf sandigen Böden.

Genießer-Tipp

Blätter mit scharf ingwer- bis pfefferartigem Geschmack sparsam als Gewürz (in größeren Mengen wirken sie leicht giftig).

Gesundheits-Tipp

Der frische Presssaft lindert als kühlendes Mittel Verbrennungen und Hautausschläge.

40-80 cm

Färber-Kamille

(Anthemis tinctoria)

Merkmale

Korbblütler. Durch gelbe Blütenköpfe, fein gefiederte Blätter und verholzte Stängelbasis leicht zu erkennen.

Standort

Trockenrasen, im Norden seltener.

Genießer-Tipp

Traditionelle Färbepflanze, die gelb färbt.

15-40 cm

Kleiner Wiesenknopf

(Sanguisorba minor)

Merkmale

Rosengewächs. Ähnlich dem Großen Wiesenknopf (s. S. 70), Blätter auch Pastinak (s. S. 58) oder Bibernelle (s. S. 62).

Standort

Rohbodenpionier, Magerkeitszeiger sonniger Wiesen auf kalkhaltigen, lockeren Lehmböden.

Genießer- und Gesundheits-Tipp

Blätter in Salate, Kräuterbutter und als Gemüse, Tee zur Verdauung und als Gurgellösung.

5-30 cm

Kleines Habichtskraut

(Hieracium pilosella)

Merkmale

Korbblütler. Unterseits silbrig behaarte Blattrosette, die sich bei starker Sonneneinstrahlung nach oben wendet. Andere Habichtskräuter sind ebenfalls essbar, jedoch recht bitter.

Standort

Pionierpflanze und Magerkeitszeiger an Wegen, Trockenrasen und in Wäldern.

Genießer-Tipp

Knospen eingelegt als Kapern-Ersatz.

10-50 cm

Echtes Tausendgüldenkraut

(Centaurium erythraea)

Merkmale

Enziangewächs. Pflanze mit Grundblattrosette (Blatt links) und gegenständigen, ungeteilten Stängelblättern (rechtes Blatt). Das ähnliche Strand-Tausendgüldenkraut (Centaurium littorale) ist kleiner und hat schmalere Blätter. Das Zierliche Tausendgüldenkraut (Centaurium pulchellum) unterscheidet sich durch die fehlende Grundblattrosette und ist ebenfalls kleiner.

Standort

Grasige Waldlichtungen und Halbtrockenrasen magerer, sonniger Standorte. Als seltene und geschützte Pflanze wird sie nicht in der Natur gesammelt, sondern im Garten gezogen.

Gesundheits-Tipp

Traditionelle Heilpflanze zur Anregung von Verdauung und Appetit, als Bachblütenessenz, Tee, Magenbitter, Medizinalwein oder Tinktur.

30-60 cm

Echtes Labkraut

(Galium verum)

Merkmale

Rötegewächs. Durch gelbe Blüten mit angenehm honigartigen Duft leicht zu erkennen.

Standort

Mager- und Trockenrasen, Gebüschsäume, Wege und Moorwiesen.

Tipp

Blüten zum Aromatisieren von Süßspeisen, Likören und als Heiltee bei Nierenleiden. Räucherpflanze und zum Färben (Blüten gelb und Wurzeln rot).

2-45 cm

Echter Augentrost

(Euphrasia officinalis)

Merkmale

Sommerwurzgewächs. Den Echten Augentrost erkennt man am drüsigen Blütenkelch (Lupe). Diese Art wird arzneilich verwendet, es gibt keine giftigen Arten in dieser Gattung.

Standort

Magere Wiesen und Weiden.

Gesundheits-Tipp

Magenstärkendes Bittermittel und gegen Husten. Bestandteil vieler Präparate gegen Ermüdungen der Augen. Für einen Tee erntet man das Kraut zur Blütezeit. Umschläge bei Augenentzündungen (vor allem Bindehautentzündungen).

30-60 cm

Wiesen-Salbei

(Salvia pratensis)

Merkmale

Lippenblütler. Durch blaue Blüten und aromatisch duftende, runzelige Blätter gut gekennzeichnet. Bestäubung über Hebelmechanismus der Staubblätter, den das landende Insekt auslöst (Zeichnung).

Standort

Trockenrasen, Wegränder auf trockensonnigen Böden.

Genießer-Tipp

Blüten kandiert und Blätter als Würze für Butter, Salate und Gemüse.

21

30-60 cm

Echtes Johanniskraut

(Hypericum perforatum)

Merkmale

Johanniskrautgewächs. Die „Löcher“ (Sekretbehälter) in den Blättern helfen bei der Erkennung. Weitere Merkmale sind der zweikantige Stängel und die beim zerdrücken rot färbenden Blüten. Die gesamte Gattung ähnelt auf den ersten Blick Greiskräutern oder der Echten Goldrute (s. S. 95) , diese haben jedoch keine gegenständigen Blätter und besitzen als Korbblütler Blütenköpfe mit vielen Einzelblüten.

Standort

Pionierpflanze und Magerkeitszeiger in Wiesen, Heiden, Wäldern und Gebüsch.

Genießer- und Gesundheits Tipp

Die Blüten in Öl ausgezogen für die Küche oder als Einreibung gegen Sonnenbrand, Rheuma und zur Wundbehandlung. Aufhellende Wirkung bei Verstimmungszuständen und Depressionen.

8-30 cm

Mäuse- oder Hasen-Klee

(Trifolium arvense)

Merkmale

Schmetterlingsblütler. Durch die behaarten Blätter und behaarten, sehr langen Kelchblätter (Lupe) leicht zu erkennen. Es gibt keine giftigen Klee-Arten in Mitteleuropa.

Standort

Pionierpflanze auf sauren Magerrasen, Sandwegen und Äckern.

Gesundheits-Tipp

Das blühende Kraut als Umschlag, Gurgelwasser oder Tee bei Durchfall, Entzündungen und zur Wundheilung.

10-80 cm

Dorniger Hauhechel ♄

(Ononis spinosa)

Merkmale

Schmetterlingsblütler. Dorniger Halbstrauch mit 3-zähligen Blättern und rosafarbenen Blüten. Kriechender (Ononis repens) und Bocks-Hauhechel (Ononis arvensis) sind ebenso verwendbar.

Standort

Mager-, Trockenrasen und Böschungen auf nährstoffarmen und kalkhaltigen Böden.

Genießer- und Gesundheits-Tipp

Blüten als Deko. Wurzel mit harntreibenden Eigenschaften bei Nieren- und Blasenleiden.

22

20-60 cm

Dost

(Origanum vulgare)

Merkmale ♃

Lippenblütler. Blütenstände mit zahlreichen rosafarbenen Blüten und rundlichen Blättern, die auf der Unterseite drüsig punktiert sind. Anderen Würzkräutern wie Majoran oder Thymian ähnlich.

Standort

Trockene und warme Standorte an sonnigen Kalkhängen, Bergwiesen und Kahlschlägen.

Genießer-Tipp

Klassisches Pizzagewürz. Blüten und Blätter an Kräuterbutter, Marinaden, Tees und Liköre.

Gesundheits-Tipp

Die verdauungsfördernden, krampflindernden und antibakteriellen Eigenschaften schätzt man auch als Heil- und Räucherpflanze.

23

30-100 cm

Schlangen-Knöterich

(Polygonum bistorta)

Merkmale

Knöterichgewächs mit charakteristischem Blütenstand und Blattform. Ähnlich evtl. anderen Knöterichgewächsen, die jedoch verzweigte Stängel und kleinere Blätter haben – sie sind ebenfalls essbar.

Standort

Nässezeiger auf feuchten und nährstoffreichen Wiesen.

Genießer-Tipp

Blätter-Wickel mit Füllung; sie sind roh und gegart in Salaten, Dips, Saucen und als Gemüse sehr lecker.

30-90 cm

Großer Wiesenknopf

(Sanguisorba officinalis)

Merkmale

Rosengewächs. Auch Pimpinelle genannt. Größer als der Kleine Wiesenknopf (s. S. 65). Ohne Blüten Pastinak (s. S. 58) oder Bibernelle (s. S. 62) ähnlich.

Standort

Wechselfeuchte-Zeiger auf Feucht- und Moorwiesen.

Genießer-Tipp

Blätter roh oder gegart in Salate, Quarkspeisen und Gemüse.

10-50 cm

Pfennigkraut

(Lysimachia nummularia)

Merkmale ♃

Primelgewächs. Durch gelbe Blüten, Ausläufer und Wuchs leicht kenntlich. In Mitteleuorpa gibt es keine giftigen Arten in dieser Gattung.

Standort

Als bodendeckende Zierpflanze in Gärten und an Teichen gepflanzt. Wild als Rohboden-Kriechpionier an Ufern und Wiesen auf feuchten, nährstoffreichen Lehmböden.

Genießer-Tipp

Blüten und Blätter in Salat und Gemüse.

20-60 cm

Wiesen-Storchschnabel

(Geranium pratense)

Merkmale ♃

Storchschnabelgewächs. Ähnliche Storchschnabel-Arten (Geranium) sind ungiftig. Blätter auf keinen Fall mit denen des giftigen Eisenhutes verwechseln!

Standort

Wiesen und Wegränder auf nährstoffreichen, meist kalkhaltigen und feuchten Böden.

Genießer-Tipp

Blüten als Farbe für Butterschnecken, zusammen mit den Blättern in Salat und Gemüse.

50-150 cm

Kohl-Kratzdistel

(Cirsium oleraceum)

Merkmale ♃

Korbblütler. Durch weiche Blätter und hellgelbe Blütenköpfe leicht kenntlich.

Standort

Feuchte Wiesen, Auwälder und Ufer.

Genießer-Tipp

Blütenköpfe ähnlich wie Artischocken eingelegt, Blätter in Salat und Gemüse.

10-60 cm

24

Wiesen-Schaumkraut

(Cardamine pratensis)

Merkmale

Kreuzblütler. Grundblätter (links) mit rundlichen Einzelfiedern, Stängelblätter (rechts) schmaler und 4-zählige Blüten. Ähnlich ist das Bittere Schaumkraut (Cardamine amara). Alle Arten der Gattung und auch die ähnliche Brunnenkresse (S. S. 76) sind essbar.

Standort

Quellfluren, Ufer, nasse Wiesen.

Genießer-Tipp

Blüten und Blättter in Salat, Dips, Kräuterbutter und Gemüse.

3-30 cm

Frauenmantel

(Alchemilla vulgaris)

25

Merkmale

Rosengewächs. Blätter mit behaarter, wasserabweisender Oberfläche und gefaltet wie ein Umhang wirkend. An den Blattspitzen morgens oft mit Guttationstropfen. Unter den ähnlichen Arten dieser Gattung gibt es keine giftigen.

Standort

Feuchte Wiesen, Graben- und Wegränder.

Genießer-Tipp

Blüten als essbare Deko und die jungen Blätter bereichern roh oder gegart Wildgemüsegerichte.

Gesundheits-Tipp

Tee und Tinktur krampflindernd bei Menstruations- und Wechseljahresbeschwerden und als Belebungsmittel für den Verdauungstrakt sowie zur Stoffwechselanregung.

Kosmetik-Tipp

Gesichtspackung und Creme zur Hautstraffung und als Gesichtswasser bei fettiger Haut.

1-4 m

Schilf

(Phragmites australis)

Merkmale ♃

Süßgras. Durch den behaarten Blattansatz (Lupe) unverkennbar. Ähnliche Arten wie z.B. das Rohrglanzgras (Phalaris arundinacea) haben statt der Haare ein Blatthäutchen.

Standort

Verlandungspionier mit bis über 1 m tiefen Wurzeln, die zur Festigung von Ufern und Verlandung beitragen. Röhrichte in langsam fließenden, nährstoffreichen Gewässern. Als Grundwasserzeiger auf feuchten und nährstoffreichen Wiesen. Trägt zur Selbstreinigung der Gewässer bei und wird auch als natürliche Kläranlage gepflanzt.

Genießer-Tipp

Die jungen Triebe roh, mariniert oder gekocht in Salaten, Suppen und Wildgemüsegerichte.

1-2 m

Breitblättriger Rohrkolben

(Typha latifolia)

Merkmale ♃ 

Rohrkolbengewächs. Am kolbenförmigen Blütenstand und dem runden Blattansatz von ähnlichen Sumpfpflanzen zu unterscheiden. Der Schmalblättrige Rohrkolben (Typha angustifolia) hat schmalere Blätter und im Gegensatz zu diesem (mit lückenlosem Übergang männlicher und weiblicher Blüten im Blütenkolben – Lupe) zwischen diesen beiden eine Lücke. Beide Arten sind ebenso zu verwenden.

Standort

Ufer, Röhricht, Verlandungs-Pionier mit Kriechsprossen.

Kreativ-Tipp

Die breiten Blätter eignen sich wunderbar zum Flechten, z.B. für Untersetzer.

25-100 cm

Natternkopf

(Echium vulgare)

Merkmale

Raublattgewächs. Ähnliche Raublattgewächse mit in Wickeln stehenden Blüten haben nicht 5 ungleiche Zipfel und aus den Blüten herausragende rosa-violette Staubfäden. Typisch ist auch die borstige Behaarung.

Standort

Trockene und steinige Böden an der Küste, Schutthalden, Wegränder und in Trockenrasen.

Genießer-Tipp

Die Blüten ohne Kelch als essbare Deko und für Teemischungen.

1-1,5 m

Kartoffel-Rose

(Rosa rugosa)

Merkmale

Rosengewächs. Stark bestachelte Zweige (Lupe) und kräftige, dickfleischige Früchte. Alle anderen Wildrosen können ebenso verwendet werden.

Standort

Aus Osteuropa und Asien stammend. Vor dem 2. Weltkrieg auf den Ostfriesischen Inseln als Tarnung der Bunker gepflanzt. Da sie die heimischen Arten z.T. verdrängt nicht unbedingt beliebtes Pioniergehölz an Stränden und Dünen; wegen der Salzverträglichkeit häufig auch entlang der Straßen zur Begrünung.

Genießer-Tipp

Die Blüten kandieren, auskochen als Sirup und als essbare Deko. Marmelade, Likör und Süßspeisen aus den Früchten.

Gesundheits- und Kosmetik-Tipp

Das Rosenöl schätzt man in der Aromatherapie. In der Kosmetik ist es für alle Hauttypen geeignet, besonders zur Pflege trockener, entzündeter und allergischer Haut.

1-6 m

Sanddorn

(Hippophae rhamnoides)

Merkmale

Sanddorngewächs. Früchte unverwechselbar. Unscheinbare Blüten (Lupe oben: weibliche, unten: männliche).

Standort

Lichtbedürftiges Gehölz im Hinterdünenbereich; im Binnenland auf Kiesschotter.

Genießer-Tipp

Vitaminreiche Früchte für Gelee, Likör, Süßspeisen und Getränke.

30-90 cm

Strand-Melde

(Atriplex littoralis)

Merkmale

Gänsefußgewächs. Auf Äckern und in Unkrautfluren gibt es ähnliche Melden und Gänsefüße, die ähnlich zu verwenden sind.

Standort

Spülsaum des Meeres, im Binnenland selten auf salzhaltigen Standorten.

Genießer-Tipp

Blätter und junge Triebe in Salate und Gemüse.

30-150 cm

Flatter-Binse

(Juncus effusus)

Merkmale

Binsengewächs. An den glatten, runden Stängeln mit durchgehendem Mark leicht kenntlich.

Standort

Nässezeiger. An Gewässerufern, auf Feuchtwiesen und Moorrändern auf nährstoffreichen und kalkarmen Lehm- und Tonböden.

Kreativ-Tipp

Das Mark aus den Stängeln herausschieben und als Docht in Lampenöl anbrennen. Die Stängel zum Flechten.

27

20-80 cm

Echte Brunnenkresse

(Nasturtium officinale)

Merkmale

Kreuzblütler. Dem ebenfalls essbaren Bitteren Schaumkraut sehr ähnlich. Die Brunnenkresse hat weiße Staubbeutel und das Schaumkraut violette. Außerdem ist der Stängel bei der Brunnenkresse hohl und beim Schaumkraut markig.

Standort

Ufer von langsam fließenden, nährstoffreichen Gewässern, sonnig bis Halbschatten.

Genießer-Tipp

Blüten und Blätter in Salate, Kräuterbutter, Dips und Gemüse.

Gesundheits-Tipp

Das frische Kraut als aktivierende Frühjahrskur.

28

20-80 cm

Wasser-Minze

(Mentha aquatica)

Merkmale

Lippenblütler. Minze-Arten gibt es einige, diese Art ist zur Blütezeit durch den kopfigen Blütenstand unverwechselbar. Alle angenehm minzeartig duftenden Arten sind ebenso zu verwenden – am ähnlichsten ist die ebenso schmackhafte Acker-Minze (Mentha arvensis).

Standort

Kriechwurzel-Pionier in Röhrichten, Ufern auf nährstoff- und basenreichen Böden.

Genießer-Tipp

Blätter in Schokolade, Obstsalat und zusammen mit den Blüten als Sirup oder Likör.

Gesundheits-Tipp

Tee bei fiebrigen Erkältungen.

60-120 cm

Kalmus

(Acorus calamus)

Merkmale

Aronstabgewächse. Im 16. Jh. aus Asien nach Europa eingeführt. Obwohl er hier blüht, gelangt die Frucht in unserem Klima nicht zur Reife. Erkennen kann man den auf den ersten Blick anderen Sumpfpflanzen (Igelkolben, Schwanenblume, Schwertlilie etc.) recht ähnlichen Kalmus an den typisch gewellten Blatträndern (Lupe), den schmalen und hellgrünen Blättern und dem aromatischen Geruch, wenn man ein Stück vom Blatt zupft.

Standort

Sumpfgebiete, Verlandungszonen mit nährstoffreichen Böden.

Genießer-Tipp

Likör und Gelee zusammen mit Zitrone aus dem Wurzelstock.

Gesundheits-Tipp

Als Tee (Wurzelstock) bei Appetitlosigkeit und zur Anregung von Stoffwechsel und Verdauung.

50-150 cm

Wasserdost

(Eupatorium cannabinum)

Merkmale

Korbblütler. Typisch gegenständige, handförmig geteilte Blätter mit drei bis sieben Fiederblättchen. Einziger mitteleuropäischer Vertreter dieser Gattung und am ehesten mit Baldrian (s. S. 80) zu verwechseln.

Standort

Weg- und Grabenränder, Waldlichtungen, Ufer, Sümpfe und Auwälder auf feuchten und nährstoffreichen Böden.

Gesundheits-Tipp

Tee (Blätter und Blüten) zur Stärkung des Immunsystems bei grippale Infekten und Erkältungskrankheiten.

20-130 cm

Wolfstrapp

(Lycopus europaeus)

Merkmale

Lippenblütler. Durch charakteristisch eingeschnitte Blätter und kleine weiße Blüten mit roten Flecken (Lupe) leicht zu erkennen.

Standort

Ufer, Röhrichte und feuchte Wiesen auf halbschattigen, nährstoffreichen Standorten.

Gesundheits-Tipp

Das blühende Kraut als Tee bei Nervosität, Angstzuständen und Herzrasen.

50-150 cm

Mädesüß

(Filipendula ulmaria)

Merkmale

Rosengewächs. Die feinen Blütenrispen verströmen einen unverwechselbaren Geruch. Gefiederte Blätter mit kleinen Zwischenfiedern; am Stängel (Blatt rechts) spitzer als an der Basis (links). Sie ähneln denen von Odermennig (s. S. 46) können aber durch den Geruch nach Salicylsäure unterschieden werden. Das ungiftige Kleine Mädesüß (Filipendula vulgaris) wächst auf trockneren Standorten und ist an der Fruchtform durch die geraden Nüsschen, die beim Echten Mädesüß spiralig gedreht sind (Lupe), gut zu erkennen.

Standort

Feuchte und nährstoffreiche Böden in Nasswiesen, Verlandungsbeständen, an Ufern und in Hochstaudenfluren.

Genießer-Tipp

Blüten und Früchte aromatisieren Süßspeisen, Getränke und Liköre.

Gesundheits-Tipp

Tee des blühenden Krautes bei Kopfschmerzen, Gicht, Rheuma, Magengeschwüren und grippalen Infekten.

50-100 cm

Blutweiderich

(Lythrum salicaria)

Merkmale

Blutweiderichgewächs. Kantiger Stängel und sitzende Blätter und Blüten. Zur Blütezeit dem Schmalblättrigen Weidenröschen (s. S. 44) mit rundem Stängel und gestielten Blüten ähnlich.

Standort

Sumpfpflanze an Ufern und in Röhrichten.

Gesundheits-Tipp

Tee des blühenden Krautes gegen Durchfall und bei Magen-Darm-Beschwerden.

50-150 cm

Gilbweiderich

(Lysimachia vulgaris)

Merkmale

Primelgewächs. Blühend unverwechselbar, Blätter vielgestaltig und sowohl gegenständig als auch quirlig und oft schwer zu erkennen.

Standort

Tiefwurzler und Lehmzeiger in feuchten Wäldern und Wiesen, an Grabenrändern und in Röhrichten.

Genießer-Tipp

Die Blüten als essbare Deko und kandiert.

10-80 cm

Gewöhnliche Sumpfkresse

(Rorippa palustris)

Merkmale

Kreuzblütler. Fiederig eingeschnittene Blätter. Alle mitteleuropäischen Arten der Gattung sind essbar.

Standort

Feuchtezeiger in Äckern, Pionier an Ufern.

Genießer-Tipp

Blüten und Blätter in Salate, Kräuterbutter und Gemüse.

bis 2 m lang

Bittersüßer Nachtschatten

(Solanum dulcamara)

Merkmale

Nachtschattengewächs. Ohne Blüten an den Blättern mit typischen zwei Blattlappen am Stiel und kletterndem Wuchs gut zu erkennen.

Standort

Pionier und Bodenfestiger an Ufern auf nährstoffreichen Böden.

Gesundheits-Tipp

Eine Salbe aus der Rinde zwei- bis dreijähriger Triebe bei Schuppenflechte, Ekzemen und Neurodermitis.
Stark giftige Pflanze (vor allem unreife Beeren), nicht innerlich anwenden!

40-100 cm

Baldrian

(Valeriana officinalis)

Merkmale

Baldriangewächs. Blütenstände an Korbblütler wie Wasserdost (s. S. 77) oder Doldenblütler erinnernd, jedoch nicht mit diesen verwandt. Typisch grob gefiederte Blätter. Der Kleine Baldrian (Valeriana dioica) hat zusätzlich auch ungeteilte Grundblätter, außerdem wird er nur ca. 30 cm groß.

Standort

Ufer, lichte Wälder und Staudenfluren auf feuchten und nährstoffreichen Böden. Im Garten sehr willkommen, da er Regenwürmer anzieht und das Wachstum der Gemüsepflanzen fördert.

Gesundheits-Tipp

Die Wurzel in Alkohol als Tinktur ausgezogen. Für ein Beruhigungsbad werden 100 g Wurzel in 1-2 l kochendem Wasser 10 Minuten ausgezogen und dann dem Badewasser zugefügt – das Bad wirkt beruhigent und entspannend auf die Muskulatur.

40-120 cm

Knotige Braunwurz

2| ⚕

(Scrophularia nodosa)

Merkmale
Rachenblütler. Durch vierkantigen Stängel, gegenständige Blätter, unangenehmen Geruch und bräunlich-gelbe Blüten leicht kenntlich. Ähnliche Braunwurz-Arten haben andere Blattformen oder/und breit geflügelte Blattstiele und Stängel.

Standort
Frische- und Nährstoffzeiger an Ufern, Wäldern und Hochstaudenfluren.

Gesundheits-Tipp
Tee aus dem Kraut zur Unterstützung von Lymphgefäßsystem und Herztätigkeit.

31

30-100 cm

Beinwell

(Symphytum officinale)

Merkmale
Raublattgewächs mit entsprechend rau behaarten Blättern. Sie dürfen auf keinen Fall mit denen des giftigen Fingerhutes verwechselt werden!

Standort
Nährstoff- und Feuchtezeiger in Nasswiesen, Bruchwäldern und an Gewässerufern. Die Samen werden von Ameisen verbreitet (Elaiosomen) und enthalten zusätzlich für die Schwimmverbreitung eine Luftblase in der Klausenhöhlung (Fruchtstand). Beinwell vermehrt sich sehr gut weiter, nachdem ein Stück des Wurzelstockes abgestochen wurde und lässt sich im Garten ziehen.

Genießer-Tipp
Blüten als essbare Deko.

Gesundheits-Tipp
Eine Salbe aus der Wurzel zur Zellneubildung bei Knochenbrüchen, Prellungen, Hautproblemen und in kosmetischen Produkten.

10-100 cm

Sumpf-Vergissmeinnicht

(Myosotis palustris)

Merkmale

Raublattgewächs. Die Art-Unterscheidung ist oft schwierig, bis ins 19. Jh. wurden alle Arten gleich verwendet, diese hat besonders große Blüten. Gedenkemein (Omphalodes verna) ist ähnlich und ungiftig.

Standort

Ufer und feuchte Wiesen auf nährstoffreichen Böden.

Genießer-Tipp

Die Blüten als essbare Deko.

Kosmetik-Tipp

Eine Abkochung für Augenbäder.

bis zu 2,5 m

Echte Engelwurz

(Angelica archangelica)

Merkmale

Der ähnlich imposante, kontaktgiftige Riesen-Bärenklau blüht weiß, hat gröbere und spitzere Fiedern als Engelwurz mit gelbgrünlichen Blüten, runden Blattstängeln und aromatischem Duft. Auf keinen Fall mit giftiger Hunds-Petersilie oder Geflecktem Schierling mit feineren Blättern verwechseln! Die kleinere Wald-Engelwurz ist ebenfalls essbar (s. S. 111). Sie hat oben flach bis rinnig eingeschnittene Blattstängel.

Standort

Nährstoffreiche Gewässerufer.

Genießer-Tipp

Blattstiel kandiert

Gesundheits-Tipp

Tee als aromatisches Bittermittel für Verdauung und Stoffwechsel.

5-20 cm

Rundblättriger Sonnentau

(Drosera rotundifolia)

Merkmale ♃ Ⓖ

Sonnentaugewächs. Ähnlich sind weitere Arten der Gattung mit länglichen Blättern. Als geschützte Pflanze darf sie nicht wild gesammelt werden. Man kann sie im Gartenhandel erwerben und im Moorbeet pflanzen.

Standort

Flach- und Zwischenmoore, meist zwischen Torfmoosen.

Genießer-Tipp

Homöopathisch gegen krampfartige Hustenbeschwerden.

bis 1,5 m

Gagelstrauch

(Myrica gale)

Merkmale ♄ Ⓖ    

Gagelgewächs. Blätter mit charakteristischem Duft. Typisch auch die gelbe Punktierung der Blätter durch Harzdrüsen (Lupe) und die groben Blattzähne im oberen Teil. Die zweihäusig verteilten Blüten und kleinen Nussfrüchte sind unauffällig. Er kann leicht mit Weiden (Gattung Salix s. S. 109) verwechselt werden, diese haben jedoch nie solch einen Duft.

Standort

Randbereich von Mooren, in feuchten Kiefernwäldern und Feuchtheiden. Da sein Lebensraum durch Eutrophierung (Nährstoffeintrag) und Trockenlegung selten geworden ist, steht er unter Naturschutz. In Skandinavien ist er noch häufiger zu finden.

Genießer-Tipp

Die Blätter aus im Garten gezogenen Pflanzen in Duftkissen und als Räucherkraut.

bis 50 cm

Heidel- oder Blaubeere

(Vaccinium myrtillus)

Merkmale

Heidekrautgewächs. Ähnlich sind Rausch- (s. unten) oder Preiselbeere (s. S. 87) mit runderen Blättern und ohne die kantig gerieften, grünen Triebe (Lupe).

Standort

Moore, Heiden, lichte Wälder auf sauren Rohhumusböden, bis zu 2800 m Höhe. Die Lebensgemeinschaft mit Pilzen (Mykorrhiza) ermöglicht das Wachstum auf kargen Böden. Dieser gegen Schadstoffeintrag empfindliche Wurzelpilz mag für die rückläufigen Erträge einiger Wildbestände verantwortlich sein.

Genießer-Tipp

Früchte für Süßspeisen und Getränke.

Gesundheits-Tipp

Getrocknete Beeren gegen Durchfall bei Kleinkindern.

bis 1 m

Rauschbeere

(Vaccinium uliginosum)

Merkmale

Heidekrautgewächs. Heidelbeeren (s. oben) ähnlich, im Gegensatz zu dieser jedoch schwarzblau bereifte Beeren mit farblosem Saft, keinen kantigen, grünen Stängel und rundere Blätter.

Standort

Hochmoore und Moorwälder vom Tiefland bis zu Hochgebirgslagen von über 2500 m.

Genießer-Tipp

Die Rauschbeere kann ähnlich verwendet werden wie Blaubeeren, hat jedoch weniger Aroma als diese.

bis 1 m

Besenheide oder Heidekraut

(Calluna vulgaris)

Merkmale

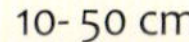

Heidekrautgewächs. Zwergstrauch mit immergrünen schuppenförmigen, gegenständigen Blättern. Die ähnlichen Heiden der Gattung Erica unterscheiden sich durch längere, meist in Quirlen angeordnete, nadelförmige Blätter.

Standort

Säurezeiger auf trockenen und wechselfeuchten Böden in Heiden, Mooren, Dünen und in lichten Wäldern. Im Gebirge bis zu 2700 m.

Gesundheits- und Kosmetik-Tipp

Die antiseptischen und beruhigenden Wirkstoffe werden auch über die Haut aufgenommen und bereichern kosmetische Produkte und werden dem Bad zugegeben.

10- 50 cm

Färber-Ginster

(Genista tinctoria)

Merkmale

Schmetterlingsblütler. Formenreicher, wintergrüner Zwergstrauch von ca. 50 cm Größe mit einfachen und ganzrandigen Blättern, gerillten, grünen Zweigen und einer bis zu 1 Meter langen Pfahlwurzel.

Standort

Feuchtezeiger in Heiden, lichten Wäldern und auf Felsstandorten und Wiesen auf kalkarmen, lehmigen Böden. Bis zu 1800 m Höhe.

Kreativ-Tipp

Traditionelle Färbepflanze, die wunderschöne Gelbtöne liefert. Je mehr Blüten statt Stiele und Blätter verwendet werden, desto gelber wird die ansonsten grünlichgelbe Farbe. Unter Zugabe von Chrom-Salz wird sie intensiver und etwas dunkler. Die Stiele und Blätter ergeben einen zitronengelben Ton, der mit Eisen(II)Sulfat dunkelbraun und mit Eisensulfat grünoliv wird.

bis 12 m

Wacholder

(Juniperus communis)

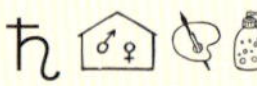

Merkmale

Zypressengewächs. Bis 600 Jahre alter Baum oder Strauch. Wacholderbeeren sind die weiblichen Fruchtzapfen und botanisch gesehen keine Beeren. Männliche Blüten unscheinbar (Lupe oben). Die Nadeln tragen zwei helle Streifen (Spaltöffnungsbänder, Lupe unten) auf der Unterseite sind spitzer als beim giftigen Stink-Wacholder (Juniperus sabina).

Standort

Lichtpflanze auf Magerweiden, Heiden, Felsstandorten und in lichten Wäldern meist auf trockenen und sandigen Böden. Häufiger Zierstrauch in Parkanlagen und auf Friedhöfen.

Genießer-Tipp

Die Früchte machen Speisen bekömmlicher und werden Sauerkraut, Fleischgerichten und Pasteten zugefügt und aromatisieren Spirituosen. Die jungen Triebe zum Würzen und für Sirup.

Gesundheits-Tipp

Die „Beeren" lindern Blasenentzündungen, Rheuma und Verdauungsbeschwerden.

2-3 m

Besenginster

(Cytisus scoparius)

Merkmale

Schmetterlingsblütler. Kenntlich durch die rutenförmigen, gerillten Zweige und die dreiteiligen Blätter.

Standort

Auf bodensauren Böden auf Heiden, Extensivweiden, Waldrändern und lichten Wäldern bis zu 1100 m Höhe.

Genießer-Tipp

Traditionelle Färbepflanze, deren Blüten und Zweige gelb färben, Die Farbe wird etwas rötlicher, je mehr Zweigspitzen verwendet werden.

34

10-30 cm

Blutwurz

(Potentilla erecta)

Merkmale

Rosengewächs. Heißt auch Aufrechtes Fingerkraut oder Tormentill. Einzige Art der Gattung mit vier gelben Blütenblättern und dadurch unverwechselbar. Es gibt keine giftigen Arten unter ihnen.

Standort

Magerkeits- und Versauerungszeiger in Magerrasen, Heiden und Moorwiesen.

Gesundheits-Tipp

Ein Tee aus der Wurzel lindert Magen-Darm-Beschwerden, Blähungen und Durchfall. Die Wurzel kann ebenso als Tinktur oder Medizinalwein in Alkohol ausgezogen werden.

bis 20 cm

Preiselbeere

(Vaccinium vitis-idea)

Merkmale

Heidekrautgewächs. Wintergrüne, ledrige Blätter und rote Früchte ähnlich wie Bärentraube, jedoch mit dunklen Punkten auf der Blattunterseite, die der Bärentraube fehlen.

Standort

Saure Rohhumusböden in Mooren, Nadelwäldern und Zwergstrauchheiden bis 2300 m Höhe.

Genießer-Tipp

Die etwas herben Beeren sind eine beliebte Beigabe zu Wildgerichten. Man kann aus ihnen wunderbar Liköre, Marmeladen und verschiedenste Süßspeisen bereiten. Getrocknet bereichern sie Teemischungen.

bis 3 m

Berberitze

(Berberis vulgaris)

Merkmale

Berberitzengewächs. Strauch mit büschelig angeordneten Blättern und meist 3-teiligen Dornen. Zweige und Wurzeln innen gelb gefärbt. Blüten in Trauben, rote walzenförmige Beeren (Lupe).

Standort

Gebüschsäume, Waldränder, lichte Eichen- und Kiefernwälder.

Genießer-Tipp

Die Beeren können zu Saft, Likör oder Süßspeisen verarbeitet sowie für Tee getrocknet werden. In orientalischen Ländern verwendet man die Früchte auch zum Kochen.

3-7 m

Schwarzer Holunder

(Sambucus nigra)

Merkmale

Moschuskrautgewächs. Durch intensiven Geruch sowie Blatt- und Blütenform leicht kenntlich. Der Trauben-Holunder (Sambucus racemosus) hat traubige Blütenstände, rote Früchte und braunes Mark in den Zweigen – statt weißem wie beim Schwarzen Holunder (Lupe). Der giftige Attich (Sambucus ebulus) ist eine bis 2 m hohe Staude.

Standort

Stickstoffzeiger in feuchten Wäldern, Waldlichtungen, Hecken und in Siedlungen.

Genießer-Tipp

Die rohen Früchte sind giftig, gegart bereichern sie Süßspeisen und Liköre. Die Blüten können auch als essbare Deko für Bowlen und Salate verwendet werden. Sie schmecken in Waffelteig, Süßspeisen und Teemischungen köstlich.

bis 10 m

36

Weißdorn

(Crataegus monogyna)

Merkmale

Rosengewächs. Heimisch sind sowohl Eingriffeliger (Crataegus monogyna) als auch Zweigriffeliger Weißdorn (Crataegus laevigata). Sie unterscheiden sich – wie die Namen vermuten lassen – in der Anzahl ihrer Griffel. Sie sind gleichsam zu verwenden und mit anderen Gehölzen kaum verwechselbar.

Standort

Gebüschsäume, lichte Laubmischwälder und als Pioniergehölz auf aufgelassenen Kulturflächen. Beide Arten sind beliebte Heckenpflanzen, die Vögeln geschützte Nistplätze bieten.

Genießer-Tipp

Die Beeren sind köstlich als Marmelade. Die Blätter sind im Frühjahr sehr lecker in Salaten und als Kanapees.

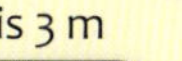

Gesundheits-Tipp

Wirkstoffe der Beeren unterstützen – ebenso wie die Blüten und Blätter – die Pumpleistung des Herzens.

bis 3 m

Felsenbirne

(Amelanchier ovalis)

Merkmale

Rosengewächs. Strauch mit langen Blütenblättern und apfelähnlichen Früchten (Lupe). Es gibt keine giftigen Arten in Mitteleuropa.

Standort

Sonnenexponierte Felshänge, lichte Mischwälder und Gebüsche.

Genießer-Tipp

Die Früchte (Kerne enthalten Blausäure, bitte nicht zerkleinern) bereichern Likör, Süßspeisen, Marmelade und Kompott.

bis 4 m

Kornelkirsche

(Cornus mas)

Merkmale

Kornelkirschengewächs. Durch frühe Blütezeit und später an gegenständigen, elliptischen Blättern und roten, 2-samigen Früchten kenntlich.

Standort

Zierstrauch der Park- und Gartenanlagen, wild auf warmen und trockenen Hängen in Wald- und Gebüschsäumen des Berglandes.

Genießer-Tipp

Die Früchte roh, kandiert oder als Kompott, Marmelade, Gelee und Likör.

bis 4 m

Liguster

(Ligustrum vulgare)

Merkmale

Ölbaumgewächs. Gegenständige, oft immergrüne, derbe Blätter, 4-zählige Blüten und schwarze Beeren.

Standort

Lichte Kiefern- und Laubmischwälder sowie Gebüsche. Häufig in Hecken gepflanzt.

Kreativ-Tipp

Saft der Beeren zum Malen und Färben.

bis 4 m

Schneeball

(Viburnum opulus)

Merkmale

Moschuskrautgewächs. Durch typische Blattform und Blütenstand mit vergrößerten Randblüten (Lupe) kaum verwechselbar.

Standort

Lichtbedürftiges Gehölz der Auwälder, Lichtungen und Waldränder.

Kreativ-Tipp

Die Früchte zum Färben und für die Pflanzenmalerei.

bis 3 m

Purgier-Kreuzdorn

(Rhamnus catharticus)

Merkmale

Kreuzdorngewächs. Zweige enden häufig in Dornen. Ähnlich ist der kleinere Felsen-Kreuzdorn (Rhamnus saxatilis) mit nur 1-3 cm langen Blättern, ohne dessen Wirkstoffe.

Standort

Gebüsche, Misch- und Auwälder auf meist kalkhaltigen Böden. Vom Tiefland bis zu 1600 m in den Alpen, im Norden seltener.

Gesundheits-Tipp

Die reifen Beeren werden als mildes Abführmittel zu Saft und Sirup verarbeitet oder für die Teezubereitung getrocknet. Als Sirup werden sie auch gerne von Kindern eingenommen.

bis 6 m

Hasel

(Corylus avellana)

Merkmale

Birkengewächs. Strauch mit biegsamen Zweigen. Typisch die meist ebenso lang wie breiten und unterseits auf den Nerven behaarten Blätter. Im Frühjahr durch herabhängende männliche Kätzchen unverwechselbar, ebenfalls zur Fruchtreife. Weibliche Blüten unscheinbar (Lupe). In Parkanlagen werden auch weitere Arten gepflanzt, es sind keine giftigen unter ihnen bekannt.

Standort

Lichte Au- und Laubmischwälder, Wald- und Gebüschsäume.

Genießer-Tipp

Die Nüsse sind zum Kochen und Backen, für Liköre und Süßspeisen geeignet. Die Blätter eignen sich sehr gut zum Trocknen für Teemischungen.

bis 15 m

Vogelbeere oder Eberesche

(Sorbus aucuparia)

Merkmale

Rosengewächs. Zur Fruchtzeit unverwechselbar. Die Mährische Vogelbeere (Sorbus aucuparia var. moravica) ist eine weniger bittere, veredelte Kulturform mit nur bis zur Hälfte gezähnten Blättern. Die gefiederten Blätter ähnlich der Esche (s. S. 111).

Standort

Anspruchsloses, lichtbedürftiges Pioniergehölz auf Kahlschlägen, Waldlichtungen und Waldrändern. Bis 2000 m Höhe. In Gebirgslagen oft die Baumgrenze bildend.

Genießer-Tipp

Die vitaminreichen Beeren eignen sich für Süßspeisen, Marmelade und Likör. Sie lindern Magenverstimmungen und Appetitlosigkeit.

bis 6 m

Brombeere

(Rubus fruticosus)

Merkmale

Rosengewächs. Es gibt sehr viele Arten von Brombeeren, die nur schwer voneinander zu unterscheiden sind und ebenso verwendet werden können. Von der Himbeere (nächste Seite) kann man sie durch die derberen Stacheln und die meist dunklere Blattunterseite unterscheiden. Die Kratzbeere (Rubus caesius) hat bereifte Stängel und Früchte und ist ebenfalls essbar.

Standort

Wald- und Gebüschsäume, Kahlschläge, aufgelassene Wiesen und Hecken.

Genießer-Tipp

Die Beeren für Süßspeisen und Likör und die Blätter für Teemischungen.

bis 3 m

Schlehe

(Prunus spinosa)

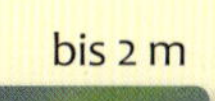

Merkmale

Rosengewächs. Wegen der schwarzen Zweige auch Schwarzdorn genannt und vom Weißdorn (s. S. 89) mit grauen Zweigen unterschieden. Auffällig der sparrige Wuchs, die kräftigen Dornen und die Wurzelsprosse. Von anderen Arten der Gattung durch die fehlenden Nektardrüsen am Blattansatz zu unterscheiden.

Standort

Felshänge und Feldraine. Pioniergehölz nicht mehr bewirtschafteter Weinberge und Wiesen.

Genießer-Tipp

Die Beeren für Likör und Marmelade.

Gesundheits-Tipp

Die Früchte lindern Entzündungen der Mund- und Rachenschleimhaut sowie bei Durchfall und Appetitlosigkeit.

bis 2 m

Himbeere

(Rubus ideaus)

Merkmale

Rosengewächs. Ohne Früchte Brombeeren (s. vorherige Seite) ähnlich, jedoch weichere Stacheln und hellere Blattunterseite. Seit Alters her kultivierter Gartenstrauch.

Standort

Pioniergehölz auf Kahlschlägen, Waldlichtungen und Waldrändern, durch Wurzelsprosse dichte Bestände.

Genießer-Tipp

Die Früchte für Süßspeisen und Likör.

Gesundheits-Tipp

Tee aus den Blättern bei Schleimhautentzündungen im Mund und Rachen sowie bei Durchfall, auch zur Geburtsvorbereitung.

bis 50 cm

Gewöhnlicher Tüpfelfarn

(Polypodium vulgare)

Merkmale

Tüpfelfarngewächs. Wintergrüner Farn mit zweizeilig gefiederten Blättern. Der ähnliche Rippenfarn hat Sporenbänder auf der Unterseite.

Standort

Im Halbschatten auf kalkarmen, humusreichen Waldböden und Felsen.

Genießer-Tipp

Tee aus der Wurzel bei Asthma, Heiserkeit, Husten, Fieber, Verstopfung, Rheuma und Gicht.

bis 40 m

Stiel-Eiche

(Quercus robur)

Merkmale

Buchengewächs. Baum mit den für Eichen typisch gelappten Blättern. Ähnlich ist die Trauben-Eiche, mit im Verhältnis zur Stiel-Eiche lang gestielten Blättern und kurz gestieltem Blütenstand. Alle mitteleuropäischen Arten sind ebenso zu verwenden. Die Nussfrüchte (Eicheln) sitzen in becherförmigen Fruchtbechern.

Standort

Häufigste Eiche im Flachland in Laubmischwäldern. In den Alpen bis ca. 1000 m.

Genießer-Tipp

Die frisch austeibenden Blätter enthalten kaum Gerbstoffe und sind eine Delikatesse in Salaten.

Gesundheits-Tipp

Für medizinische Zwecke (zusammenziehend und entzündungshemmend) wird die Rinde im Frühjahr von den Zweigen geschält. Innerlich und äußerlich zum Gurgeln, Baden oder als Umschlag lindernd bei Magen-Darm-Beschwerden, Durchfall, Nasenbluten, Entzündungen im Mund- und Rachenraum, Fußschweiß, Ekzemen etc.

Kreativ-Tipp

„Gallustinte“ und die Rinde zum Braunfärben.

10-100 cm

Echte Goldrute

(Solidago virgaurea)

Merkmale

Korbblütler. Die Echte Goldrute hat größere und weniger überhängende Blütenköpfe als die aus Amerika eingebürgerten Arten, die Riesen- und Kanadische Goldrute (Solidago canadensis und S. gigantea) mit ähnlicher Wirkung. Es gibt zahlreiche gelb blühende Korbblütler. Goldruten erkennt man an den Röhrenblüten in der Mitte des Blütenstandes und den ungeteilten Blättern.

Standort

Halbschattige bis sonnige Standorte in Mischwäldern, Magerrasen und Waldrändern auf trockenen und eher nährstoffarmen Böden.

Gesundheits-Tipp

Anregender und ausschwemmender Tee bei Blasen-, Nieren- und Harnwegserkrankungen, äußerlich zur Wundheilung und bei Hautleiden.

Kreativ-Tipp

Goldgelbe Farbtöne für die Färberei und Pflanzenmalerei.

39

bis 30 m

Spitz-Ahorn

(Acer platanoides)

Merkmale

Seifenbaumgewächs. Wird ca. 150 Jahre alt. Unverwechselbar durch die spitz ausgezogenen Blattlappen. Man kann die anderen Ahorn-Arten ebenso verwenden. Im Herbst wunderschöne, intensive Laubfärbung.

Standort

Lichte Laubmischwälder, im Gebirge bis 700 m.

Genießer-Tipp

Die frisch austreibenden Blätter und Blüten als Salat und auf Kanapees, auch in Suppen und Wildgemüsegerichten.

30-100 cm

Rühr-mich-nicht-an

(Impartiens noli-tangere)

Merkmale

Balsaminengewächs. Typisch glasiger Stängel. Blüten und Samen sind essbar, die Blätter sind leicht giftig. Die eingewanderten Arten – das rot blühende Indische und das Kleinblütige Springkraut können ebenso verwendet werden. Das Hexenkraut mit festerem Stängel und anderen Blüten sieht ähnlich aus und ist ungiftig.

Standort

Wälder auf schattigen und feuchten Böden.

Genießer-Tipp

Die nussartigen Samen roh oder gegart.

bis 25 m

Hänge-Birke

(Betula pendula)

Merkmale

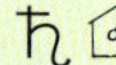

Birkengewächs. An Sandpapier erinnernde Blattoberfläche und glatte Zweige. Die Moor-Birke ist am aufrechten Wuchs und den behaarten jungen Zweigen und Blättern zu unterscheiden. Sie gedeiht vor allem in Bruchwäldern und im Bereich von Flach- und Hochmooren und in den Alpen bis zu 2200 m. Beide Arten sind ähnlich zu verwenden.

Standort

Pionierbaum auf lichten Flächen, in lichten Laub-, Nadel- und Mischwäldern, auf Magerweiden und in Heiden, in den Alpen bis zu 1900 m.

Genießer-Tipp

Die frischen Blätter in Salate.

Gesundheits-Tipp

Tee aus den Blättern gegen bakterielle und entzündliche Erkrankungen der Harnwege und Stoffwechselerkrankungen.

Kreativ-Tipp

Die Blätter zum Gelbfärben.

Wohlriechendes Veilchen

(Viola odorata)

Merkmale

Veilchengewächs. Kenntlich an den rundlichen Blättern und den wohlriechenden Blüten, die einzeln an langen Stielen direkt der Grundblattrosette entspringen. Es gibt keine giftigen Veilchen in Mitteleuropa.

Standort

In Gebüschen, an Wegrändern, in lichten Wäldern und im Siedlungsbereich auf frischen, nährstoffreichen Lehmböden.

Genießer-Tipp

Blüten als essbare Deko, kandiert und zum Aromatisieren von Sirup, Likör, Essig und Öl.

Gesundheits-Tipp

Tee aus dem Kraut lindert Husten, auch zum Gurgeln und für Waschungen.

41

30-120 cm

Echte Nelkenwurz

(Geum urbanum)

Merkmale

Rosengewächs. Grundblätter (links) der meist wintergrünen Rosette sehr variabel. Spitzere Stängelblätter (rechts) an den großen Nebenblättern leicht zu erkennen. Ohne Blüten der Bach-Nelkenwurz ähnlich. Rhizom (Wurzelstock) mit nelkenähnlichem Aroma.

Standort

Nährstoffzeiger lichter Laub- und Auwälder, Waldwege, Gebüsche.

Genießer-Tipp

Die jungen Blätter roh oder gegart an Salate, Kräuterquark und als Gemüse. Die Wurzeln – ähnlich wie Gewürznelken – zum Aromatisieren von Süßspeisen, Punsch, Wein und Likör.

Grundblatt

Stängelblatt

bis 20 m rankend

Efeu

(Hedera helix)

Merkmale

Immergrüne, bis 450 Jahre alt werdende Liane. Junge Triebe mit 3-5-lappigen Schattenblättern (links) und Haftwurzeln. Ältere Triebe mit ungeteilten, rautenförmigen Sonnenblättern bilden Blüten (Lupe) und Früchte.

Standort

Bäume, Ruinen und Hauswände. Entzieht dem Trägerbaum keine Nährstoffe, kann ihm jedoch indirekt durch Lichtentzug oder starkes Gewicht schaden.

Gesundheits-Tipp

Kann bei Asthma, Husten und Bronchitis lindernd wirken.

bis 30 m

Zitter-Pappel

(Populus tremula)

Merkmale

Weidengewächs. Baum mit jung glatter und im Alter tiefrissiger Borke und fast kreisrunden, grob gebuchteten Blättern. Durch den langen, seitlich zusammengedrückten Blattstiel bewegen sich die Blätter beim kleinsten Windhauch. Diese Blattbewegung fördert die Verdunstung, so dass mehr Wasser mit den darin gelösten Nährstoffen aufgenommen werden kann.

Standort

Rohbodenkeimer und Pioniergehölz lichter Wälder, auf Ödland und in Steinbrüchen vom Tiefland bis in Höhen von 1800 m.

Gesundheits- und Kosmetik-Tipp

Entzündungshemmende und antibakterielle Salbe aus den Knospen.

bis 40 m

Rot-Buche

(Fagus sylvatica)

Merkmale

Buchengewächs. Bis 300 J. alter Laubbaum. Verwechseln kann man die Buche mit Hainbuchen (s. unten) die jedoch nicht so einen glatten Stamm (Lupe unten) und Blattrand haben.

Standort

Nährstoffreiche, schwach saure bis kalkreiche Böden.

Genießer-Tipp

Die jungen Blätter im Frühjahr sind sehr lecker. Sie bereichern Salat, Suppen und Saucen und können zum Anfärben von Likör verwendet werden. Die Keimlinge (Foto unten) sind in Essig und Öl eingelegt oder mit Butter, Salz und Pfeffer gebraten eine Delikatesse.

Aus den Bucheckern (Lupe Mitte, Lupe oben zeigt eine weibliche Blüte) kann Speiseöl gewonnen werden, roh sind durch die Blausäure-Glykoside nur bis zu ca. 50 Stück verträglich. Geröstet können sie verbacken werden und bereichern Gemüsegerichte und Süßspeisen. Früher hat man sie als Kaffeeersatz geröstet.

bis 25 m

Hainbuche

(Carpinus betulus)

Merkmale

Birkengewächs. Baum mit wie gewrungen wirkendem Stamm und zweizeilig angeordneten, am Rande gesägten Blättern. Verwechseln kann man sie am ehesten mit der Rot-Buche (s. oben) mit glatterem Blattrand und Stamm.

Standort

Bestandsbildend oder in Laubmischwäldern, in Parks und als Heckengehölz.

Genießer-Tipp

Die frischen Samen (Lupe oben) in Salate.

Mistel

(Viscum album)

Merkmale

Mistelgewächs. Dieser zweihäusige, immergrüne Halbschmarotzer ist durch seinen Wuchs auf Bäumen und die länglichen Blätter unverwechselbar. Sie kann bis 1 m Durchmesser erreichen. Aus den unscheinbaren gelben Blüten (Lupe oben) entwickeln sich zur Reifezeit weiße Beeren (Lupe unten).

Standort

Parasitisch auf den Zweigen der Wirtsbäume. Es wird eine Unterart auf Laubbäumen und eine auf Nadelgehölzen unterschieden.

Gesundheits-Tipp

Tee aus den beblätterten Zweigspitzen zur Beruhigung des zentralen Nervensystems und mit Weißdorn gemischt zur Unterstützung von altersbedingter Herzschwäche.

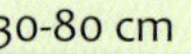

30-80 cm

Ährige Teufelskralle

(Phyteuma spicatum)

Merkmale

Glockenblumengewächs. Gattung mit kompakten Blütenständen mit krallenartig gebogenen Blüten. Diese Art hat einen hellen, länglichen Blütenstand. Alle Arten sind ähnlich verwendbar, einige jedoch selten und geschützt.

Standort

Krautreiche Wälder, Bergwiesen und Gebüsche auf basen- und nährstoffreichen Böden vor allem in Höhenlagen (bis 2100 m).

Genießer-Tipp

Blätter in Salate, Gemüse, Kräuterbutter und als Brotbelag. Die Blütenstände vor der Blüte in Essig und Öl eingelegt.

20-40 cm

Stinkender Storchschnabel

(Geranium robertianum)

Merkmale

Storchschnabelgewächs. Gefiederte Blätter (andere Arten der Gattung haben gefingerte) und intensiver Duft. Ähnlich ist der ebenfalls ungiftige Reiherschnabel (Erodium cicutarium).

Standort

Nährstoffzeiger in Wäldern, im Siedlungsbereich und an Wegrändern. Im Gebirge bis 1500 m Höhe.

Genießer- und Gesundheits-Tipp

Blüten als essbare Deko und das Kraut als Kräftigungsmittel, gegen Blutungen aller Art, Durchfall und Magen-Darm-Beschwerden.

43

20-50 cm

Weiße Taubnessel

(Lamium album)

Merkmale

Lippenblütler. Blühend unverwechselbar. Ohne Blüten ähnlich Brennnesseln (s. S. 38), Ziest (s. S. 107), Minze (s. S. 76), Stinknessel oder anderen Taubnesseln. Alle diese Arten sind ungiftig und alle Taubnesseln können für die Kräuterküche verwendet werden.

Standort

Im Halbschatten als Nährstoffzeiger in Wäldern, an Wegrändern und in Unkrautsäumen auf lockeren, leicht feuchten, nährstoffreichen Böden.

Genießer-Tipp

Blätter und junge Triebe roh und gegart in Salate, an Saucen, Quarkspeisen, Gemüse oder im Teigmantel ausgebacken. Sie können ebenso wie die Blüten für eine aromatische Teemischung getrocknet werden.

20-50 cm

Goldnessel

(Lamium galeobdolon)

Merkmale

Lippenblütler. Durch gelbe Blüten und weißlich gefleckte Blätter leicht kenntlich.

Standort

Schattenpflanze in krautreichen Laubwäldern auf basenreichen, lockeren Böden.

Genießer-Tipp

Blätter und Blüten roh und gegart in Salate und Gemüse. Sie können auch für eine aromatische Teemischung getrocknet werden.

20-60 cm

Gefleckte Taubnessel

(Lamium maculatum)

Merkmale

Lippenblütler. Typische Blüten und gegenständige Blätter. Ähnliche Arten s. Weiße Taubnessel.

Standort

Laubwälder, Waldsäume und Hecken auf nährstoffreichen und etwas feuchten Böden.

Genießer-Tipp

Blätter und junge Triebe roh und gegart in Salate, an Saucen, Quarkspeisen, Gemüse oder im Teigmantel ausgebacken. Sie können ebenso wie die Blüten für Tee getrocknet werden.

bis 2 m

Rote Johannisbeere

(Ribes rubrum)

Merkmale

Stachelbeergewächs. Rote Beeren in Trauben, nicht mit giftigem Seidelbast verwechseln! Johannisbeeren gibt es keine giftigen, am ähnlichsten ist die Alpen-Johannisbeere.

Standort

Auwälder, Schluchten, Gebüsche und Bachläufe.

Genießer-Tipp

Weinschaum-Creme mit den Früchten. Blüten und Blätter als Tee.

bis 30 m

Esskastanie

(Castanea sativa)

Merkmale

Buchengewächs. Über 600 J. alter Baum mit unauffälligen Blüten (Lupen). Durch die stark gezähnten, einfachen Blätter von der Rosskastanie gut zu unterschieden (s. S. 45).

Standort

Frostempflinslich und spät blühend. Fruchtentwicklung braucht 75–120 warme Tage, daher Fruchtreife nur in wärmeren Lagen (Weinbaugebiete).

Genießer-Tipp

Früchte eingeritzt und gekocht oder geröstet sehr lecker für Süßspeisen und deftige Gerichte. Getrocknet und gemahlen zum Binden von Saucen, Suppen und zum Backen.

bis 30 m

Winter-Linde

(Tilia cordata)

Merkmale

Malvengewächs. Bis 1000 J. alter Baum. Die Winter-Linde ist an den bräunlichen Haaren in den Blattachseln zu erkennen (Lupe), sie sind bei der Sommer-Linde weiß. Die Verwendung beider Arten ist gleichwertig und es gibt oft Bastarde.

Standort

In Parkanlagen und an Straßen, wild in Au-, Laubmisch- und Hangwäldern vom Tiefland bis in 1500 m Höhe.

Genießer-Tipp

Jungen Blätter in Salate, Gemüse und Tees. Die Knospen und unreifen Früchte sind in Essig und Öl eingelegt lecker. Die Blüten aromatisieren Süßspeisen, Getränke und Sirup.

Gesundheits-Tipp

Blüten für schweißtreibenden, immunstärkenden und krampfstillenden Tee.

60-80 cm

Mauerlattich

(Mycelis muralis)

Merkmale

Korbblütler. Tief fiederteilig eingeschnittene und relativ dreieckige Fiederblättchen und deutlich größerer Endfieder. Typische Blütenköpfe mit meist nur fünf Zungenblüten.

Standort

Im Halbschatten an Wegrändern, Wäldern und Gebüschen auf mäßig nährstoffreichen Böden.

Genießer-Tipp

Blüten als Deko und die Blätter deftig – z.B. mit Speck und Ei – angerichtet in Salat und Gemüse.

45

5-20 cm

Wald-Erdbeere

(Fragaria vesca)

Merkmale

Rosengewächs. Ähnlich ist die teils verwilderte Indische Scheinerdbeere mit fad schmeckenden Früchten. Ohne Früchte der ungiftigen aber geschmacklosen Knack-Erdbeere und dem Erdbeer-Fingerkraut ähnlich. Ersteres ist an den Blattzähnen zu erkennen: die grüne Linie neben dem roten Fleck (Lupe) fehlt der Knack-Erdbeere.

Standort

Lichte Wälder und Waldränder auf nicht zu trockenen Böden.

Genießer-Tipp

Beeren in Rumtopf, Süßspeisen, Liköre, Säfte und vieles mehr.

Gesundheits-Tipp

Tee der Blätter bei Magen-Darm-Störungen, Durchfall und zur Stärkung.

2-7 m

Faulbaum

(Frangula alnus)

Merkmale

Kreuzdorngewächs. Rundliche Blätter, unscheinbare Blüten (Lupe oben). Kenntlich an der Rinde mit den hellen Korkwarzen (Lupe unten) und dem typischen Geruch, der beim Reiben besonders deutlich wird.

Standort

Auwälder, Erlenbrüche und lichte Laubmischwälder vom Tiefland bis zu 1400 m Höhe.

Gesundheits-Tipp

Rinde für einen Abführtee – mindestens 1 Jahr gelagert, da die frische Rinde Übelkeit und Erbrechen verursacht.

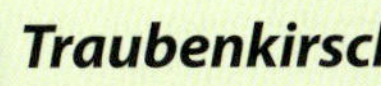

Kreativ-Tipp

Die Beeren färben je nach Reifezustand und Zusatz gelb, orange oder grün. Die Rinde färbt rotbraun und wurde früher auch zum Färben der Haare verwendet.

bis 15 m

Traubenkirsche

(Prunus padus)

Merkmale

Rosengewächs. Etwas runzelige Blätter mit fein gesägtem Rand. Die Spätblühende Traubenkirsche (Prunus serotina) mit glatten, glänzenden Blättern ist ebenso verwendbar.

Standort

Grundwasserzeiger in Au- und feuchten Mischwäldern.

Genießer-Tipp

Die Beeren (ohne giftige Kerne) können zu Saft, Gelee, Marmelade, Obstwein, Likör und Süßspeisen verarbeitet werden.

15-30 cm

Bingelkraut

(Mercurialis perennis)

Merkmale

Wolfsmilchgewächs. Unscheinbare Blüten (Lupe) und unangenehm duftende Blätter. Ähnlich sind Hexenkraut oder Springkraut, die jedoch viel auffälliger blühen und nicht diesen Geruch haben.

Standort

In Auwäldern und krautreichen Wäldern nährstoff- und basenreicher Böden.

Gesundheits-Tipp

Räucherkraut, das Gefühle und Intuition unterstützt.

bis 25 (selten 40) m

Schwarz-Erle

(Alnus glutinosa)

Merkmale

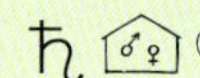

Birkengewächs. Bis zu 120 Jahre alter Baum. Typisch sind vor allem die vorne ausgerandeten Blätter und Fruchtzapfen mit den flugfähigen Samen (Lupe). Überwiegend in den Gebirgsregionen wachsen in Mitteleuropa außerdem Grün- und Grau-Erlen, die beide spitzere Blätter haben.

Standort

Au- und Bruchwälder, an Ufern vor allem im Flachland, im Gebirge bis zu 1200 m Höhe.

Gesundheits- und Kosmetik-Tipp

Blätter und Rinde als Gurgellösung und Umschlag bei Haut- und Schleimhauterkrankungen sowie Zahnfleischbluten – auch für kosmetische Produkte bei unreiner und fettiger Haut oder als Gesichtswasser.

Kreativ-Tipp

Tinte aus den Fruchtzapfen und Zeichenkohle aus den Zweigen.

30-100 cm

Wald-Ziest

(Stachys sylvatica)

Merkmale

Lippenblütler. Typisch ist der intensive Geruch. Diesen hat auch der Sumpf-Ziest mit helleren Blüten und sitzenden Blättern. Er soll in Großbritannien als „Schweinsrübe" angebaut werden. Ähnliche Lippenblütler wie Minze (s. S. 76), Taubnessel (s. S. 101) und Hohlzahn (s. S. 36) haben einen anderen Geruch.

Standort

Nährstoff- und Feuchtezeiger in Auwäldern und Uferstauden.

Genießer-Tipp

Die Blüten als essbare Deko.

2-4 m lange Liane

Hopfen

(Humulus lupulus)

Merkmale

Die Blätter und Stängel sind durch die hakeligen Borsten unverwechselbar (Lupe). Als zweihäusige Pflanze gibt es männliche (kl. Fotos links) und weibliche Exemplare (kl. Foto rechts).

Standort

Wild findet man Hopfen in Auwäldern, seit dem 8. Jh. wird er auch kultiviert.

Genießer-Tipp

Die jungen Frühjahrstriebe sind als „Hopfenspargel" eine Delikatesse. Im Frühjahr bereichern die jungen Blätter und Triebe Omelette, Saucen etc.

Gesundheits-Tipp

Ein Tee aus den weiblichen Blütenzapfen kurz vor der Vollreife bei Appetitlosigkeit, Verdauungsstörungen, Einschlafschwierigkeiten, Angstzuständen und leichten Depressionen.

1,5 m

Schwarze Johannisbeere

(Ribes nigrum)

Merkmale

Johanniskrautgewächs. Am aromatischen Duft zu erkennen. Ohne Früchte mit Johannisbeeren verwechselbar, von denen es keine giftigen gibt.

Standort

Seit dem 16. Jahrhundert kultiviert. Wild in Feucht- und Auwäldern.

Genießer- und Gesundheits-Tipp

Saft der Beeren zu Gelee, Likör und Süßspeisen, und vorbeugend gegen Erkältungen, zur Linderung von Appetitlosigkeit, Husten, Heiserkeit und Magen-Darm-Beschwerden.

20-50 cm

Bärlauch

(Allium ursinum)

Merkmale

Narzissengewächs. Achtet man auf den Knoblauch-Geruch und die gestielten Blätter, sind sie leicht von giftigen Herbstzeitlosen oder Maiglöckchen zu unterscheiden.

Standort

Feuchte und nährstoffreiche Böden in Wäldern und Auwäldern.

Genießer-Tipp

Alle Teile sind sehr schmackhaft, über die Zwiebeln und Blätter bis hin zu den delikat scharf schmeckenden Blüten und Früchten. Als Kräuterbutter oder Pesto gut zu konservieren.

Gesundheits-Tipp

Als Frühjahrskur, zur Stärkung von Stoffwechsel und Darmflora, auch bei Appetitlosigkeit.

10-30 cm

Lungenkraut

(Pulmonaria officinalis)

Merkmale

Raublattgewächs. An den hellfleckigen Blättern und den rosa bis blauvioletten Blüten leicht zu erkennen. Weitere Arten der Gattung haben nicht diese Blattzeichnung.

Standort

Halbschattenpflanze in krautreichen Au- und Laubwäldern auf frischen, nährstoff- und kalkhaltigen Lehmböden.

Genießer-Tipp

Blüten als essbare Deko und die Blätter in Backteig als „Lungenmäuse" ausgebacken.

bis 35

Silber-Weide

(Salix alba)

Merkmale

Weidengewächs. Von anderen Weiden durch die behaarte Blattunterseite und den gleichmäßig dicht und fein gesägten Blattrand (mit auf den Zähnen sitzenden kleinen Drüsen) zu unterscheiden. Es gibt ähnliche Weidenarten, die entsprechend verwendet werden können.

Standort

Auwälder und im Uferbereich von Flüssen.

Gesundheits-Tipp

Die Rinde im Frühjahr von den Zweigen geschält als Tee mit schmerzstillenden, entwässernden und fiebersenkenden Eigenschaften (Salicylsäure). Da dies lebenden Bäumen schadet, sollte man dafür nur gefällte oder geschnittene Zweige nehmen.

5-20 cm

Scharbockskraut

(Ranunculus ficaria)

Merkmale

Hahnenfußgewächs. Durch glänzende, früh austreibende Blätter und die gelben Blüten mit 8-12 glänzenden Blütenblättern leicht kenntlich.

Standort

Nährstoff-Zeiger in Auwäldern und an Ufern mit basenreichen, tiefgründigen Lehmböden.

Genießer-Tipp

Vor der Blüte bereichern die Blätter Kräuterbutter, Salate und Wildgemüse. Die Knospen und Brutknöllchen (Lupe, sie werden nach der Blütezeit am Grunde der Blattstängel gebildet) können in Essig und Öl eingelegt werden.

7-30 cm

Kriechender Günsel

(Ajuga reptans)

Merkmale

Lippenblütler. An den Ausläufern und glänzenden, rundlichen Blättern kenntlich. Die aufrechten, blühenden Triebe haben einen „pyramidenähnlichen" Wuchs und sind viel kompakter als die des etwas ähnlichen Gundermannes (S. 54). Sie besitzen auch einen glatteren Blattrand als dieser.

Standort

Nährstoff- und Frischezeiger in Wiesen und Auwäldern.

Genießer-Tipp

Die Blüten als essbare Deko. Die jungen Triebe und Blätter bereichern roh Salate und gegart Wildkräutermischungen. Sie sind auch sehr gesund.

bis 40 m

Esche

(Fraxinus excelsior)

Merkmale

Ölbaumgewächs. Eschen werden ca. 200 Jahre alt. Sie sind spätfrostgefährdet. Die Blätter treiben erst recht spät nach den Blüten aus. Der rispige Blütenstand (Foto oben) besteht aus lauter Einzelblüten ohne Blütenhülle. Die typischen Flügelnussfrüchte hängen meist noch lange am Baum (Lupe oben). An der jung sehr glatten Borke (Lupe unten)und der gegenständigen Verzweigung ist die Esche mit ihren großen Fiederblättern gut zu erkennen. Etwas ähnlich ist die viel kleinere Eberesche (s. S. 92) mit den kleineren und runderen Fiederblättchen.

Standort

Au- und Laubmischwälder.

Gesundheits-Tipp

Tee aus den Blättern zur Stoffwechselanregung und bei Magen-Darm-Beschwerden.

80-150 cm

Wald-Engelwurz

(Angelica sylvestris)

Merkmale

Doldenblütler. Blätter mit rinnigem Blattstiel leicht kenntlich. Ähnlich mit rundem Blattstiel und aromatischerem Duft sind die Echte Engelwurz (s. S. 82) und Giersch mit weniger Fiederblättchen (s. S. 45). Auf keinen Fall mit Hunds-Petersilie und Schierling verwechseln! Beide haben viel feinere Blätter.

Standort

Auwälder und auf feuchten, nährstoffreichen Böden.

Genießer-Tipp

Blätter an Salate und Gemüse.

bis 40 m

Feld-Ulme

(Ulmus minor)

Merkmale

Ulmengewächse erkennt man am asymmetrischen Blattansatz. Die Feld-Ulme hat fast sitzende Blüten und die jungen Zweige sind oft breit borkig geflügelt. Alle heimischen Ulmen können ebenso verwendet werden.

Standort

Wild vom Flachland bis zu 1000 m Höhe in Au- und Hangwäldern auf kalkhaltigen Tonböden.

Genießer-Tipp

Die früh heranreifenden, blattartigen Früchte schmecken nussartig und sind ebenso wie die Blätter eine Bereicherung für Salate.

10-30 cm

Wiesen-Schlüsselblume

(Primula veris oder officinalis)

Merkmale

Primelgewächs. Blätter in grundständiger Rosette und blattlose Blütenstängel. Diese Art hat schwefelgelbe Blüten mit orangefarbenen Flecken, während die ähnliche Hohe Schlüsselblume (Primula elatior, s. Fotos unten) hellgelbe Blüten mit orangefarbenem Ring besitzt – sie kann ebenso verwendet werden.

Standort

Lichte Wälder, Waldränder und trockene Wiesen mit kalkhaltigen Böden. Beide Arten sind in vielen Regionen selten geworden und stehen unter Naturschutz. Sie eignen sich für Naturgärten.

Genießer-Tipp

Blüten – aus dem Kelch gezupft – als essbare Dekoration, kandiert oder in Wein ausgezogen zur Stärkung des Nervensystems und als Medizinalwein.

20-45 cm

Sanikel

(Sanicula europaea)

Merkmale

Doldenblütler. Durch markante Blattform eine der wenigen leicht kenntlichen Doldenblütler.

Standort

Schattige Wälder auf mäßig trockenen, kalkreichen Böden; bevorzugt bergige Regionen.

Gesundheits-Tipp

Das Kraut zur Blütezeit bei Menstruationsbeschwerden, Nierenblutungen und als auswurfförderndes und schleimlösendes Hustenmittel. Auszüge auch als Umschlag bei Prellungen und als „Sportsalbe".

15-30 cm

Waldmeister

(Galium odoratum)

Merkmale

Rötegewächs mit für diese Gattung charakteristischen Blattquirlen. Der typische Geruch wird beim Anwelken deutlich. Frisch kann man ihn auch mit anderen Labkräutern, wie z.B. dem Wiesen- (Galium mollugo, s. S. 60) und Wald-Labkraut verwechseln, die jedoch verzweigte Triebe besitzen und höher wachsen. Es gibt keine giftigen Arten in der Gattung.

Standort

Schattige Buchen- und Laubmischwälder auf frischen, lockeren, nährstoff- und basenreichen Lehmböden.

Genießer-Tipp

Getrocknet vor der Blüte in Bowle

Gesundheits-Tipp

Tee als Schlafmittel und in Teemischungen gegen Darmstörung und als entkrampfendes Mittel.

49

5-15 cm

Wald-Sauerklee

(Oxalis acetosella)

Merkmale

Sauerkleegewächs. Die gelb blühenden und verzweigt wachsenden Sauerklee-Arten sind ebenso verwendbar und an den sauer schmeckenden Blättern sicher zu erkennen. Gleicht in Namen und Aussehen einem Klee (Gattung Trifolium s. S. 59), gehört jedoch in eine eigene Familie und hat andere Blüten.

Standort

Moderhumuszeiger in sauren und nicht zu trockenen Laubmisch- und Nadelwäldern.

Genießer-Tipp

Blüten und Blätter als Würze für Obstsalate, Salate, Erfrischungsgetränke und Essigersatz. Sie bereichern auch – ähnlich wie Sauer-Ampfer – verschiedene Wildgemüsespeisen, Saucen und Suppen (wegen Oxalsäure nur kleine Mengen).

bis 60 m

Weiß-Tanne

(Abies alba)

Merkmale

Kieferngewächs. Stärker nestförmige Krone als die Fichte (rechts im Foto zu sehen, links Tanne). Die Zapfen stehen aufrecht (Lupe unten) und fallen nicht als Ganzes ab, die Schuppen lösen sich zur Reife von der Zapfenspindel, die stehen bleibt. Die Nadeln sitzen scheibenförmig am Zweig an, unterseits haben sie 2 weiße Wachsstreifen. Es gibt viele verschiedene Zuchtformen, jedoch keine giftigen. Nicht mit der stark giftigen Eibe verwechseln!

Standort

Natürlicherweise in den Gebirgslagen Europas.

Genießer- und Gesundheits-Tipp

Die Maitriebe zu Sirup verkocht, in Salate und Gemüse. Die ätherischen Öle bereichern kosmetische und medizinische Produkte.

bis 2 m

Adlerfarn

(Pteridium aquilinum)

Merkmale

Größter heimischer Farn, durch mehrfach gefiederte, bis 2 m große Wedel und am Blattrand linienartig angeordnete Sporenbehälter auf der Blattunterseite unverwechselbar.

Standort

Magerkeitszeiger in artenarmen Wäldern und Kahlschläge auf sauren Böden.

Kreativ-Tipp

Die Wurzel färbt kastanienbraun und mit Alaun olivgrau. Das frische Kraut liefert einen weinblattgrünen Farbton.

bis 60 m

Gewöhnliche Fichte

(Picea abies)

Merkmale

Kieferngewächs. Hängende, als Ganzes abfallende Zapfen, typischer Nadelansatz (Lupe), rund um den Zweig sitzende Nadeln. Nicht mit der stark giftigen Eibe verwechseln!

Standort

Zur Gerbstoffgewinnung, als Zellstofflieferant, in der Papierindustrie und als Bau- und Möbelholz über natürliche Verbreitung in den Gebirgslagen hinaus gepflanzt. Problematisch in Monokulturen durch die saure Nadelstreu, Artenarmut des Unterwuchses und hohe Sturmanfälligkeit auf ungeeigneten Standorten.

Genießer- und Gesundheits-Tipp

Die Maitriebe zu Sirup verkocht, in Salate und Gemüse. Die ätherischen Öle bereichern kosmetische und medizinische Produkte.

5-20 cm

Wald-Ehrenpreis

(Veronica officinalis)

Merkmale

Wegerichgewächs. Typisch die achselständigen Blütentrauben, der kriechende Wuchs und die ovalen Blätter. Die Blüten aller Ehrenpreis-Arten sind essbar.

Standort

Säurezeiger in Wäldern, Magerrasen und Heiden auf nährstoffarmen Böden. Er meidet Nässe und gedüngte Standorte.

Genießer-Tipp

Das Kraut zur Blütezeit u.a. bei Brust-, Lungen- und Hautleiden, Erkältungskrankheiten sowie Magenverstimmung, Rheuma, Gicht und Appetitlosigkeit.

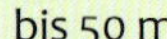

bis 50 m

Wald-Kiefer

(Pinus sylvestris)

Merkmale

Kieferngewächs. Je nach Standortbedingungen unterschiedliche Wuchsform. Stamm älterer Bäumen unten dunklere als die rötliche, obere Borke. Nadeln zu zweit in Kurztrieben. Alle Kiefern-Arten können ähnlich verwendet werden. Die aus südlicheren Regionen eingebürgerte Schwarz-Kiefer (Pinus nigra) ist sogar noch etwas aromatischer.

Standort

Licht- und Rohboden-Keimer mit bis zu 6 m tiefer Pfahlwurzel. Sie wird von den konkurrenzkräftigeren Baumarten als Pioniergehölz auf die armen und sandigen Böden sowie in die Moorrandgebiete verdrängt.

Genießer- und Gesundheits-Tipp

Die Maitriebe zu Sirup verkocht, in Salate und Gemüse. Die ätherischen Öle bereichern kosmetische und medizinische Produkte.

Pflanzen und Pilze – untrennbar verbunden

Ohne Pilze geht es nicht, egal in welchem Lebensraum wir uns befinden. Pilze sind diejenigen, die den gesamten ökologischen Kreislauf am Leben erhalten.

Zentraler Umschlagplatz

Als „Müllabfuhr des Waldes" verwandeln sie alles verrottende Material im Wald wie Laub, Äste und Nadeln wieder in Humus. Holz ist vor allem aus Lignin aufgebaut. In vielen kleinen Schritten wird es wieder zu verwertbarer Nahrung für die Pflanzen. Der erste Schritt dabei ist nur den Pilzen möglich, danach können Bakterien etc. dies auch weiter abbauen. Selbst Insekten, die im Holz leben oder dies verdauen, haben Pilze als „Helfer" in ihrem Darm.

Unsichtbar verborgen – und doch überall

Ein Hektar (10 000 m^2) Waldboden enthält ca. 445 kg Pilztrockenmasse, 7 kg Bakterien und 36 kg Kleintiere – also um ein vielfaches mehr Pilze als andere Organismen! Und jeder, der schon einmal Pilze getrocknet hat, weiß, dass die Trockenmasse nur ein Bruchteil des frischen Pilzgewichtes ausmacht. Doch die einzelnen „Pilzwurzeln" (Hyphen) sind so fein, dass wir sie mit bloßem Auge kaum wahrnehmen.

Ein eigenes Reich

Pflanze oder Tier – Pilze waren den Menschen lange Zeit ein Rätsel. Heute haben sie die Stellung, die ihrer Bedeutung im Ökosystem entspricht: Sie bilden ein eigenes Reich der Pilze. Neben dem Abbau haben viele Arten weitere wichtige Funktionen. Als „Partnerpilze" (Mykorrhiza) der Bäume helfen sie diesen beim Aufbau und vernetzen sie untereinander und als Schmarotzer stellen sie vermutlich ein wichtiges Regulativ in der Natur dar.

Das größte Lebewesen der Erde

...ist das unterirdische Pilzgeflecht (Myzel) eines Pilzes namens Hallimasch. Er lebt in Amerika auf einer Fläche von über 880 Hektar (ca. 600 Fußballfelder), ist mindestens 2400 Jahre alt und erreicht ein Gewicht von etwa 600 Tonnen (ca. 150 Elefanten). Dabei bildet dieses gigantische Wesen jedes Jahr viele kleine Fruchtkörper, deren Aufgabe es ist, über die Sporen neue Nachkommen zu bilden – so wie der Apfel Kerne hervorbringt. Du kannst dir einen Pilz also wie einen Apfelbaum vorstellen. Dabei entspricht der Baum dem unterirdischen Myzel und die Äpfel den Fruchtkörpern. Pilze werden auch ungefähr so alt wie Bäume.

Schlagwortverzeichnis

T

U

V

W

Z

Weitere Bücher der Autoren

Pflanzenbücher

LÜDER, R. & F. (2021): Wildpflanzen zum Genießen... ...für Gesundheit, Küche, Kosmetik und Kreativität. Kreativpinsel-Verlag, Neustadt

LÜDER, R. (2022): Grundkurs Pflanzenbestimmung. Quelle & Meyer Verlag, Wiebelsheim

LÜDER, R. (2021): Grundkurs Gehölzbestimmung. Quelle & Meyer Verlag, Wiebelsheim

LÜDER, R. & F. (2019): Doldenblütler von Pastinakengemüse bis Schierlingsbecher. Kreativpinsel-Verlag, Neustadt

LÜDER, R. (2019): Bäume bestimmen – Knospen, Blüten, Blätter, Früchte. Haupt Verlag, Bern

LÜDER, R. (2022): Grundlagen der Feldbotanik. Haupt Verlag, Bern

Pilzbücher

LÜDER, R. (2022): Grundkurs Pilzbestimmung. Quelle & Meyer Verlag, Wiebelsheim

LÜDER, R. (2023): Pilze sammeln leicht und sicher. blv Verlag, München

LÜDER, R. & F. (2022): Pilze zum Genießen...für eine nachhaltige, kreative, leckere und gesunde Zukunft. Kreativpinsel-Verlag, Neustadt

LÜDER, R. & F. (2023): Pilze zum Genießen...für unterwegs. Kreativpinsel-Verlag, Neustadt

Apps

LÜDER, R. (2024) App: Pilze zum Genießen... für eine nachhaltige, kreative, leckere und gesunde Zukunft. Kreativpinsel-Verlag, Neustadt

LÜDER, R. & F. (2016): Wildpflanzen zum Genießen... ...für Gesundheit, Küche, Kosmetik und Kreativität. Kreativpinsel-Verlag, Neustadt

Kinderbücher

LÜDER, R. & A. BEERMANN (2004): Die kleine Hexe Duftnäschen. Echinomedia Verlag, Bürgel

LÜDER, R. & A. BEERMANN (2006): Das Geheimnis des Bibersees. Quelle & Meyer Verlag, Wiebelsheim

LÜDER,R. & HOHBERGER, M.F (2016): Selfie mit Löwenzahn. Entdecke die Natur mit Smartphone und Tablet. Haupt Verlag, Bern

LÜDER, R. & F. (2015): Die geheimnisvolle Welt der Pilze. Das Natur-Mitmachbuch für Kinder. Haupt Verlag, Bern

Poster, Spiele, Lernkarten und Bestimmungshilfen für Pflanzen und Pilze

sind über den Kreativpinsel-Verlag erhältlich: www.kreativpinsel.de

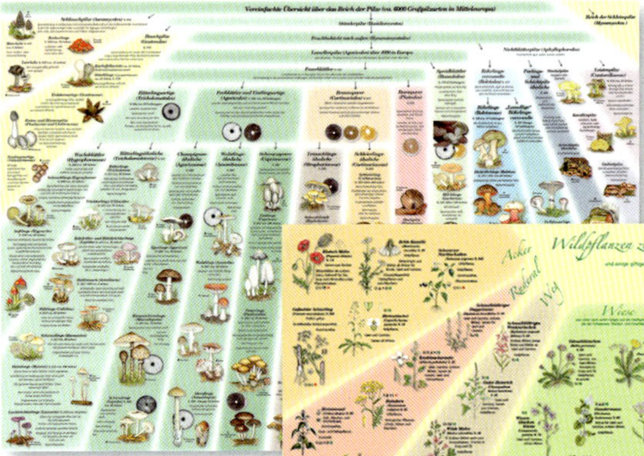

«

Poster Pilzsystematik

Die wichtigsten Familien und ihre Stellung nach traditioneller Systematik auf einem Poster in DIN A1

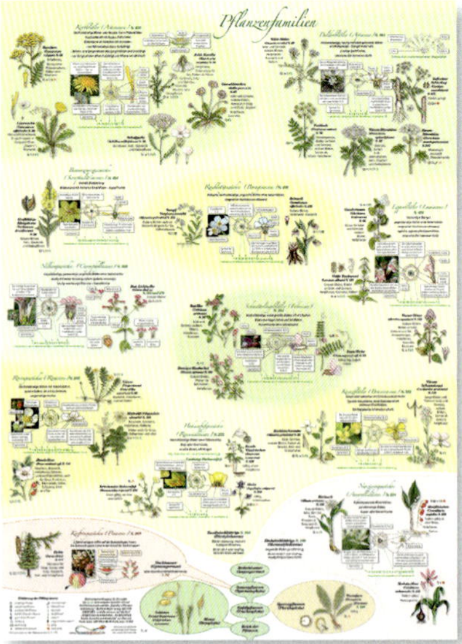

⌃

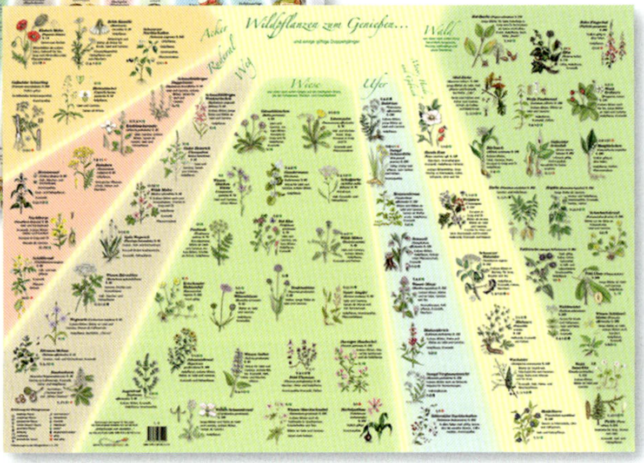

Das Poster zum Buch

Wildpflanzen zum Genießen...

Nach Lebensräumen gegliedert findest du auf dieser Übersicht die wichtigsten Arten und ihre Doppelgänger auf einem Poster in DIN A1

«

Poster Pflanzenfamilien

Die wichtigsten Familien und ihre charakteristischen Erkennungsmerkmale DIN A1

Pilz-Memory einmal anders

Steinpilz oder Gallenröhrling? Perl- oder Pantherpilz? An bestimmten Merkmalen kannst du ähnliche Arten auseinanderhalten. Doch welche sind das? Wir haben zu fünf beliebten Speisepilzen ein Kartenset zusammengestellt. Jeder Pilz ist einmal in seinem Lebensraum abgebildet und einmal mit den Detailmerkmalen, ebenso sein Doppelgänger. Welche gehören zusammen? Auf der Rückseite findest du die Auflösung. Du kannst die Karten auch verschicken. 16 Postkarten

Rätselpfade zur Naturbestimmung

Mit diesen Rätselpfaden werden groß und klein spielerisch an die Bestimmung von Pflanzen, Tieren oder Pilzen herangeführt. Der laminierte Rätselpfad ist A5 groß und 3x gefaltet, die untere Hälfte befindet sich auf der Rückseite. Bisher gibt es folgende Themen: Wildpflanzen genießen, Pflanzenfamilien, Doldenblütler, Korbblütler, Moose, Gehölze, Winterknospen, Pilze, Wasserlebewesen und Bodenlebewesen.

Kartenspiele

Es gibt ein Pflanzen- und Pilzquartett und ein Spiel „Pilze raten“, das ähnlich wie das „Pilz-Memory einmal anders“ aufgebaut ist. Alle Spiele werden in einer Pappschachtel geliefert.

Merkmale der Pflanzen

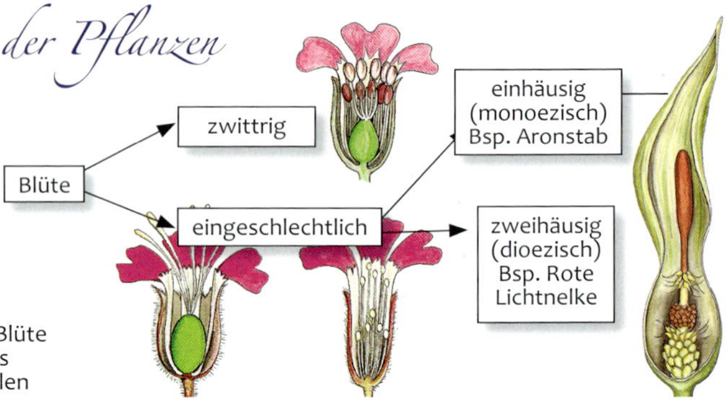

Blüte
zwittrig
eingeschlechtlich
einhäusig (monoezisch) Bsp. Aronstab
zweihäusig (dioezisch) Bsp. Rote Lichtnelke

Die Blüte

Eine vollständige Blüte ist zwittrig und aus verschiedenen Teilen aufgebaut:

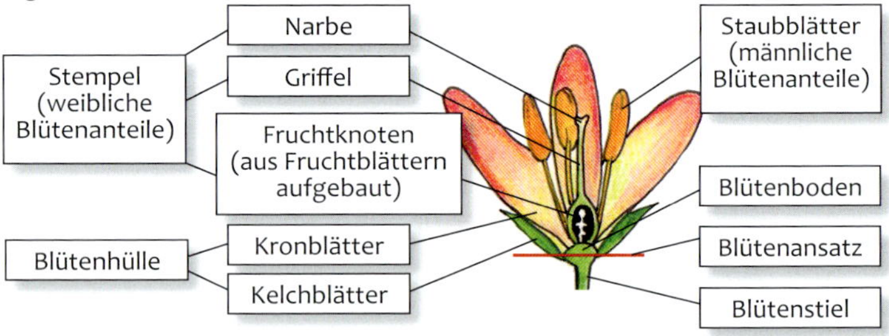

Stempel (weibliche Blütenanteile)
Narbe
Griffel
Fruchtknoten (aus Fruchtblättern aufgebaut)
Staubblätter (männliche Blütenanteile)
Blütenboden
Blütenansatz
Blütenhülle
Kronblätter
Kelchblätter
Blütenstiel

Die Einzelblüten können komplexe Blütenstände bilden:

Traube
Rispe
Dolde
zusammengesetzte Dolde
Scheindolde
Körbchen oder Köpfchen